東海道新幹線「のぞみ」30年の軌跡

〜この車両を作らなければ、未来はない〜

青田 孝 著

交通新聞社

はじめに

東海道新幹線の「のぞみ」が運転を開始してから、2022年3月14日で30年になる。いまでは、新幹線を代表する愛称名でもあるが、30余年前、この列車のために開発された300系が、東海道新幹線再生の一助を担い、さらに発足直後の東海旅客鉄道（JR東海）の、経営基盤を支えたことを知る人は、今では少なくなった。

ここ1、2年は新型コロナウイルス感染拡大の影響で、乗客数は落ち込んではいるものの、1964（昭和39）年10月1日の開業以来、1日あたりの乗客数は最大約47万7000人、累計は2021年3月末時点で約66億人。1日あたりの列車本数は、帰省客で混雑した2020年8月16日の455本を最高に、連日300本以上で、年間の平均遅延時分は0.5分と、安定した運行は、日本の経済成長と、人々の生活向上に貢献し続けてきた。その東海道新幹線も、30数年前の、国鉄の分割・民営化に伴う、JR東海の発足時には大きな曲がり角にあった。民営化の2年前には、新鋭車両の100系が登場してはいたものの、主力は開業時からの0系が占め、東京～新大阪間の到達時間は3時間を数分切ってはいたが、規制緩和で移動手段の主役になりつつあった航空機はもちろん、高速道路の開通で身近になった、長距離バスにすら、その存在を脅かされつつあった。

世界に先駆けて敷設された東海道新幹線は、全線のほとんどがバラスト軌道で、曲線も最小半径が2500メートルと、特殊な線路条件下にある。それに加え、沿線のほとんどが住宅地で、振動、騒音などの環境問題も抱えている。国鉄時代には「これ以上の高速化は無理と」の考えもあり、もっぱら山陽、東北など新しい路線での高速試験が繰り返されていた。

その中で誕生したJR東海は、その収益の8割以上を東海道新幹線に頼り、その停滞は、そのまま新しい会社の存続理由を問われることでもあった。では、どうするのか。導き出された答は「東京～新大阪間2時間半」だった。最高速度は従来より50キロ増の、時速270キロ、曲線の通過速度は同250キロで走れば、それは可能だった。そのためにはどんな車両が必要なのか。

新生会社の手元にあるのは「スーパーひかり」という呼び名だけ。速度を上げるだけならばそれほどの苦労はいらない。しかしそれに伴う騒音、振動にどう対処するのか。試行錯誤の末に出された結論は、これまで経験したことがないほどの軽量車両だった。これには、社員全員が「こんな車両できるのか」と思いつつも、「この車両を作らなければ未来はない」と、新しい会社は胎動を開始した。

幸い、軽量化に不可欠なアルミニウムの押し出し加工技術、ボルスタレス台車、そしてVVVF制御と回生ブレーキの駆動システムなど、個々の技術は国鉄時代に実用化の段階までこぎ着けていた。しかしいずれも新幹線という、高速鉄道に使うのは初めての試みだ。それでも考えられる障害を机上のシミュレーションで導き出し、実車で再現し、その解決策を模索することを繰り返し、構想から3年余、300系は現実のものとなった。しかし初期故障は新製品にはつきもので、300系も走りはじめと同時に、想定外の問題が次々に起こる。それを2年間に渡る走行試験で克服し、当時の国内最高速度325.7キロを記録するなど、実用化に向けて一歩一歩歩みを進めた。

1992（平成4）年3月14日、「のぞみ」は運転を開始する。当初は始発と最終の1日2往復のみだったが、その翌年には1時間に1本になり、同時に博多まで乗り入れた。その後は東海道新幹線の「顔」となり、現在は最大で1時間に12本も運行されている。

車両も300系で果たせなかった課題を実現すべく、700系が開発され、その後もN700系、N700Aと進化を重ね、2020年7月にはN700Sが運転を開始。その昔、「こんな車両できるのか」との思いは、「最高の」形で結実した。

東海道新幹線に「のぞみ」をもたらした、30余年を振り返る。

2022年2月

青 田 孝

東海道新幹線「のぞみ」30年の軌跡
～この車両を作らなければ、未来はない～

目　次

序　章　「最高の…」 ………………………………………………………………………… 1

第一章　新幹線がもたらした、世界的な鉄道復権 ……………………………………… 3
　　1　動力は「集中」か「分散」か
　　2　電車による「超特急」が払拭した斜陽論

第二章　この車両を作らなければ未来はない ……………………………………………… 9
　　1　迫りくる、航空機の影
　　2　課題は振動、そして騒音
　　3　「こんな車両できるのか？」
　　4　担当者が競うのは、グラム単位の軽量化
　　5　要（かなめ）はアルミ押し出し加工
　　6　先頭形状を決めるのは、最後尾の「渦」
　　7　騒音源のパンタグラフの数を減らす
　　8　初の試み、直流から交流への変換
　　9　回生ブレーキが変えた床下配置
　　10　応荷重装置で防ぐ、車輪の滑走
　　11　課題はバネ下荷重の軽減
　　12　切り札は、ボルスタレス台車

第三章　高速への挑戦を支える、地上設備 …………………………………………… 33
　　1　ATCの2周波化で高まる信頼性
　　2　デジタル化がもたらす、スムーズな減速
　　3　電力供給システムの改良で可能になった、特高圧引通し線
　　4　波状摩耗は、思い切った全取っ替えで
　　5　乗り心地を考慮した軌道管理

第四章　時速30キロからはじまる、未知との遭遇 ………………………………… 45
　　1　はたして、この軽い車両が動くのか!?
　　2　停電検知ができず、止まらない列車
　　3　300キロ以上とは、空気密度も影響する世界

第五章　700系からN700Sまで ……………………………………………………………………… 55

　　1　粘着方式の、課題と限界を求めて

　　2　「トンネルどん」から生まれた、滑らかに空を飛ぶ姿

　　3　1度の傾きで、20キロ早くなる、曲線通過

　　4　進化するブレーキシステム

　　5　雪との闘い

　　6　騒音を極限まで少なくする

　　7　2つの方式の競合から生まれた、走行風冷却

　　8　「標準車両」で、世界も視野に

　　9　歴代が集う、リニア・鉄道館

第六章　「点」から「線」へ、変革する保守 ……………………………………………………… 77

　　1　各部の動きから、「ヒヤリハット」までデータベース化

　　2　交番検査は、若手社員の登竜門

　　3　すべてを分解し、一から確かめる機器の動き

　　4　状態監視で、事前に対処

　　5　データが証する、確実な傾き

第七章　　早期に検知し、脱線・逸脱を防ぐ地震対策 ………………………………………… 89

　　1　地震の「P」波と「S」波

　　2　対向列車との衝突を避ける逸脱防止ストッパ

　　3　東海道新幹線ならではの課題に取り組む、小牧研究施設

終章　　システムで築く、地球環境への配慮 ………………………………………………………… 99

おわりに …………………………………………………………………………………………………… 102

参考文献 …………………………………………………………………………………………………… 104

年表 …… 108

序章

「最高の…」

梅雨の最中の2020（令和2）年7月1日。夜明けからの曇り空のもと、東海旅客鉄道（JR東海）東海道新幹線の東京駅14番線ホームで、鮮やかな白に青の横線がまぶしい車両が、定刻午前6時の出発を待つ。JR東海が13年ぶりに投入した新型車両「N700S」だ。

新幹線のフルモデルチェンジの編成がデビューと聞けば、本来なら多くの鉄道ファンが駆けつけるはずだが、この年のはじめから、世界的な流行がはじまった、新型コロナウイルスの感染拡大で、この日の情報は事前には報道されなかった。それでも「蛇の道はなんとか…」ではないが、多くのファンがホーム上の真新しい車両に盛んにカメラを向けている。中には「新しい車両なら始発に使うのでは、と山勘で指定席券を取った。ホームに上がりN700Sと分かった時は感動した」と語る会社員も。

東海道新幹線としては初代の0系から数えて7代目となるN700Sの「S」は、「Supreme（最高の）」を意味する。先頭形状は従来に比べ、両脇を盛り上げ峰を作りエッジを強調。先端の青帯もこれまでより一段多く重ね、運転台の窓付近まで鋭く伸びた線が、「S」を抽象的に表現している。

時節柄、控えめになった出発式（**写真1**）だが、それでもホーム上には赤い絨毯が敷かれ、金子 慎社長が「安全性、安定性、快適性はもとより、環境性能などすべての面において『最高』を有している。上質な乗り心地、快適な空間をお客様に提供できると自負している」と挨拶。初乗車する運転士ら3人に花束が贈られた後、定刻の6時丁度、東京駅長の合図で、「のぞみ1号」は、静かにホームを離れた。

車内に目を転じるとLEDによる間接照明が、左右から車内全体に光を均一に注ぐ。天井中央部に翼を広げたようなV字の線が走り、パネルの接合部分には防犯カメラが設置されている。車内の明るさは調光制御によって変化し、停車駅が近づき、車内に案内放送が流れると、荷棚部分を明るく照らし、乗客の意識を荷物へと導き忘れ物を防ぐ、細かい配慮も施されている。

座席はリクライニング時に、背もたれと座面が連動して動く機能を採用し、座ると包み込まれるような感覚だ。すべての肘掛けにはコンセントが取付けられ、車内ではどこでも無料でWi-Fiを使うことができる。

客席からは分からないが、この他にも「最高の」技術が随所に。駆動システムには次世代半導体の炭化ケイ素（SiC）が使われ、走行風冷却の技術との組み合わせで、主変換装置（CI）は大幅に小型化。それにより生まれた床下の新たな空間に、高速鉄道としては初めて、バッテリーによる自走システムを搭載、地震などの停電発生時に、自力で安全な場所まで移動できるようになった。さらに東海道新幹線としてはこれも初の試みとして揺れをより少なくする、フルアクティブダンパーを編成の一部に採用、走行安定性がより高まっている。

床下機器の配置も最適化され、ユニット構成がこれまでの8種類から4種類に削減されたことで編成両数の変更が容易になり、12両、8両なども、技術的な性能を落とすことなくできる。これで国内はもちろん、海外での需要にも簡単に応えることができるようになった。

JR東海の誕生から30数年、その間、国鉄時代に培われた要素技術を基に、世界でも希にみる厳しい環境条件にある東海道新幹線で、いかに到達時間を短縮するか、300系の開発からはじまった、会社を挙げて愚直なまでの努力の、「S」はそのひとつの到達点でもある。

「のぞみ」以前と、それ以降は、どこが異なるのか。それを知るためにまず、東海道新幹線の誕生までを遡る。

写真1　2020（令和2）年7月1日、「N700S」出発式
　　　（JR東海提供）

第一章

新幹線がもたらした、世界的な鉄道復権

東海道新幹線誕生の直接のきっかけは、輸送力の限界だった。戦後の高度経済成長で、東京〜大阪を結ぶ幹線は、昭和30年代に入ると特急列車は常時満席、貨物列車は本数そのものが慢性的に不足し、駅頭での滞貨が目立つようになる。1956（昭和31）年5月、国鉄は「東海道線増強調査会」を設けて対策を検討し、3つの抜本的な策をまとめた。①狭軌複々線化②狭軌別線建設③広軌別線建設——だ。予算などの関係から①が有力だったが、当時の十河信二国鉄総裁は、「近代的な高速鉄道の実現は広軌別線で」と強力に主張。それを後押ししたのが、翌1957（昭和32）年5月、国鉄の鉄道技術研究所が主催した「東京〜大阪間3時間への可能性」と題した講演会だった。研究所長をはじめ「車両」、「乗り心地と安全」、「信号・保安」、「線路」の4つの部門別に、それぞれの専門家が壇上に立ち、「広軌新線を建設し、電車列車方式を採用すれば3時間は実現可能」と具体的なデータを基にそれぞれが力説した。

「3時間」に世の中が大きく反響するなか政府は、同じ年の8月、「日本国有鉄道幹線調査会」を設置、翌年の7月に「東海道線の抜本的輸送力増強のため、広軌、交流電化方式による別線の建設が適当」との答申をまとめた。なお、ここでいう広軌とはレール幅（軌間）1,435ミリで、在来線の1,067ミリより「広い」と言う意味で使われている。世界的には1,435ミリは「標準軌」で、それ以上を「広軌」と呼ぶのが一般的だ。

東京〜大阪間に超高速列車を、と唱えられたのはこれが最初ではない。東海道線の輸送力増強は昭和初期からの宿願だった。当時、満州国（現・中国東北部）の繁栄のためには、同国と日本を太く早く連絡する、一貫した鉄道が不可欠と考えられた。1938（昭和13）年、当時の鉄道省は調査を開始し、翌年「新幹線建設基準」をまとめた。この時初めて「新幹線」という言葉が登場している。後に「弾丸列車」構想と呼ばれる計画の概要は、1,435ミリの鉄路を東京〜下関間に敷き、最高速度は時速200キロ、海底トンネルで朝鮮半島とつなぎ、北京まで一直線という壮大なものだった。1940（昭和15）年に着工されるも、その翌年には日本も第二次世界大戦に突入。アメリカ軍の本土空襲が激しくなった1944（昭和19）年に、工事は中止された。戦後になって「弾丸列車構想」は顧みられることはなかったが、戦前の工事で途中まで掘られた「新丹那」、「日本坂」の両トンネルは後の新幹線に、東山トンネルは在来線の東海道線に引き継がれている。

■ 1　動力は「集中」か「分散」か

1825年、イギリスで営業を開始した鉄道は、蒸気機関車が客車を牽引した。1837年には同じくイギリスで電気機関車が初めて製作される。その後1881（明治14）年、ドイツで電車が営業運転を開始するも、鉄道の主流は駆動力を機関車に集め、それが客車を牽引する「動力集中」方式が圧倒的に主流だった。日本でも1872（明治5）年の鉄道開業から戦前は、蒸気や電気の機関車が主役で、電車は1895（明治28）年に京都で運行を開始し、その後も近郊区間に使われる程度だった。それが戦後に入り大きく様変わりする。1950（昭和25）年に、いわゆる湘南電車（80系）の登場を皮切りに、当時の狭軌における世界最高速度時速145キロを記録した、小田急電鉄のロマンスカー3000形SE車、さらには東京〜大阪間の日帰りを可能にした、初の電車特急「こだま」(**写真1-1**)と、日本は各車両が電動機などを持つ、「動力分散」の電車王国へ一歩一歩確実に進み、その集大成が新幹線だった。

写真1-1　東京〜大阪間の日帰りを可能にした、初の電車特急「こだま」

これに対し欧米は、現在に至るまで大型の機関車が客車を牽引する、「動力集中」方式が主流だ。この違いは鉄道を取り巻く環境の違いが大きい。

機関車が牽引する長い編成の列車を、より速く走らせるためには、大きなボイラーを持つ蒸気機関車か、高出力の電動機を持つ電気機関車が必要だ。広大で硬い岩盤の上に路線を敷く欧米は、重い機関車が線路に負荷を与えても、さほど問題にはならない。またヨーロッパは国際列車も多い。電化方式の異なる国との間を行き来するとき、国境で機関車を付け替えるだけですむ利点もある。

これに対し日本は国土も狭く、火山地帯の脆弱な路盤に加え、平地も少なく勾配が激しい上に、海岸線に沿って曲線も多い。さらに狭軌故に大型の機関車の運行には限りがある。勢い速度向上には、それぞれの車両に電動機を付けた、「動力分散」の電車が有利になる。

1959（昭和34）年3月、国会で東海道新幹線の建設が承認され、同年4月20日に静岡県の新丹那トンネル熱海口で起工式が行われた **(写真1-2)**。それと

並行して開かれた「新幹線建設基準調査委員会」で東海道新幹線の建設基準が決定した。それによると電化は2万5,000ボルト、60ヘルツの単相交流方式を採用。曲線半径は将来の最高時速250キロ運転を可能とするため、半径（R）2,500メートルを最小とし、その曲線で列車の転倒を防ぐため、外側のレールを内側より高くするカントは最大200ミリとした。信号方式も日本初のATC（自動列車制御）方式を導入。同方式については後で詳しく書くが、時速200キロ以上では在来線のように、運転士が前方の信号を確認しつつ、列車を制御するのは不可能だ。そのためその区間での運転可能な最高速度を運転台に表示し、自動的にブレーキもかけられるシステムだ。同時に全線の列車の位置、その列車番号や、各駅のポイントを総合指令所で一括制御する、CTC（列車集中制御）方式も採用された。

1964（昭和39）年10月1日、東海道新幹線が開業。東京〜新大阪間を初代車両の0系の「ひかり」が4時間。「こだま」が5時間で結んだ **(写真1-3)**。およそ1年後には路盤も安定し、最高速度が時速210キロに

写真1-2　東海道新幹線起工式
（新丹那トンネルの熱海口で、
鍬入れを行う十河国鉄総裁）

写真1-3　1964（昭和39）年10月1日、東海道新幹線が開業

引き上げられ、「ひかり」は3時間10分、「こだま」は4時間に短縮される。当時の0系は12両編成で、すべての車両が電動機を持つ全電動車（オールM車編成）だった。

1970（昭和45）年の大阪万博開催と同時に、「ひかり」の16両編成化が完了し、安定した輸送を確保できるようになったが、新型車両の開発も急がれた。

次世代車両の100系が営業運転に投入されたのは、1985（昭和60）年10月からだ**（写真1-4）**。二階建て（ダブルデッカー）車両2両**（写真1-5）**を含む16両編成で、デザイン的には先頭車両は0系を踏襲しつつ、一層のスピード感を盛込みかつ、空気抵抗係数の小さい形が選ばれた。その形は「団子っ鼻」とも親しまれた0系に対し、100系は「シャークノーズ（サメの鼻）」との愛称も。

機能的には、電動機を持たない付随車（T車）を導入し、12M4T編成となった。付随車は二階建ての食堂車とグリーン車と、両先頭の計4両だ。電動機の出力は1台あたり230キロワットと、0系の185キロワットを上回ったが、電動車が減り電動機の数も減ったため、編成あたりの出力は0系の1万1,180キロワットに対し、1万1,040キロワットと減少する。しかし列車の総重量が960トンから925トンと軽量化された分だけ性能は向上した。

国鉄時代に新幹線はもう一車種開発されている。200系だ。数字的には100系の次に開発されたように思えるが、実は営業運転は3年ほど早い。これは東北、上越新幹線の計画時から、そこで使う車両は200系とよぶことが決められていた。200系は豪雪地帯を走るため、床下まで車体を覆う、寒冷地仕様が施され、100系と同じ作り方では車両重量が重くなる。このため新幹線としては初めて車体にアルミニウム（アルミ）合金を使っている**（写真1-6、1-7）**。

写真1-4　1985（昭和60）年から運用を開始した100系

写真1-5　100系の二階建て（ダブルデッカー）車両（JR東海提供）

写真1-6　新幹線では初となるアルミニウム合金を使用した200系

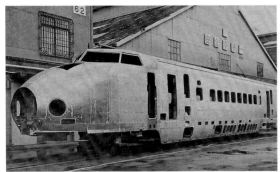
写真1-7　200系のアルミ構体

■2　電車による「超特急」が払拭した斜陽論

　当時としては鉄道技術の最高峰を集め、営業運転も順調に推移する東海道新幹線の登場は、欧米各国の鉄道先進国にとっては、驚き以外の何物でもなかった。1955（昭和30）年にフランスは電気機関車が牽引する客車列車で時速331キロと、当時の世界最高速度を記録するも、日常の交通手段として耐えうる速度は、せいぜい時速160キロ程度が限界と考えられていた。フランスなどでは鉄の車輪が鉄のレールの上を走る、「粘着」方式に見切りをつけ、ホーバークラフトに類似した空気浮上式や、磁気浮上式の鉄道などの研究が行われていた。しかし実用性や費用の問題で、多くの課題を抱えていた。このため、今後は航空機と自動車の時代で、鉄道は斜陽産業だという考えが主流になりつつある中で、飛び込んできたのが「新幹線」の計画だった。アジアの外れの、しかも敗戦から20年足らずの国が、営業速度は自らが限界と考えていた速度よりさらに50キロ

も速い210キロで運行、しかも電車による「超特急」の構想は、理解の範ちゅうを超えるものに。しかし計画通り営業運転を開始すると、欧米各国は逆に「新幹線」に大いに注目し、その後の世界的な鉄道復権のきっかけとなった（**写真1-8**）。

　フランスが新幹線を徹底的に研究し、17年後の1981（昭和56）年、ヨーロッパで初めてとなる高速列車専用線にTGV-PSEを投入。最高速度時速260キロと、当時の新幹線の同210キロを大幅に上回って運行を開始した。実は新幹線に真っ先に反応したのはイギリスだった。高速鉄道が見直され、編成の両端を電気式ディーゼル機関車、その間に客車を7～8両組み込んだ固定編成のHST（High Speed Train）を実用化。1987（昭和62）年に、時速238キロのディーゼル車の世界最高を記録している。ドイツも新幹線に刺激されるも、本格的な高速運転は1991（平成3）年のICE（Intercity Express）まで待たねばならない。いずれにしても、新幹線の成功で、ヨーロッパを中心に世界的な高速鉄道時代の幕が切って落とされた。

　ここで注目されるのが動力方式だ。日本の「電車」に驚きを見せたものの、TGVもICEも前後の機関車が客車を牽引する、「動力集中」方式を貫いた。しかしそれも交流電動機の誕生も相まって、ドイツがICE3から「動力分散」の電車方式に切り替えたのに続き、最後まで「動力集中」にこだわったTGVの製造元、フランスの車両メーカー・アルストムもついに2012年、「動力分散」方式を採用。イタリアの高速鉄道「.italo（イタロ）」に投入するなど、いまや世界の高速鉄道は「動力分散」方式が主流になりつつある。

写真1-8　東海道新幹線の開業は世界からも注目を集めた（新大阪駅に初入線）

世界の高速鉄道はその後、航空機との旅客獲得争いを繰り広げ、最高速度が時速300キロを突破するなど次第に高速化する。東海道新幹線も航空機の大衆化が進み大きな脅威となる中**（写真1-9）**、東京〜新大阪間の到達時間の短縮が求められるようになる。国鉄の技術陣も手をこまねいていたわけではない。1984（昭和59）年、200系による速度向上試験で時速240キロを記録。東海道新幹線でも1985（昭和60）年8月に100系を使い、米原〜京都間で時速260キロまで速度を上げる試験を行った。さらに同じ年の10月には、東北新幹線の仙台〜北上間で、925形電気軌道総合試験車が時速270キロ運転を行い、振動・騒音なども計測**（写真1-10）**。この時の試験で時速240キロに比べ、270キロ時の振動は4〜5dB増加し、それを抑えるには車両の軸重が11トン弱でなければ

ならない、と見込まれていた。しかしこの環境問題を達成する車両をどう作るのか。国鉄は、東海道新幹線の速度向上と合わせ、その答を先送りした。

鉄道を高速化するための要素技術は「車体の軽量化」、「動力システム」そして「地上設備」に分けられる。これに向け、国鉄時代にも車体のアルミ化、軽量なボルスタレス台車、交流モーター、交流回生ブレーキ、VVVF制御、そして線路の保守技術など、個々の技術は実用化のレベルに達しつつあった。しかし、それらを統合し、まったく新しい車両をつくり出すまでには至らなかった。そんな中1987（昭和62）年4月、国鉄は6つの旅客会社と1つの貨物鉄道に分割民営化される。東海道新幹線の課題は、新生、JR東海に託されることになる。

写真1-9　航空機の大衆化が進み
新幹線の大きな脅威となった（イメージ）

写真1-10　東北新幹線で行われた高速走行試験

第二章

この車両を作らなければ未来はない

期待と不安が交錯する中での再出発だった。国鉄の分割・民営化で1987（昭和62）年4月1日に発足した東海旅客鉄道株式会社（JR東海）。全社員が新会社発足と同時に「なんとかしなければ」との思いにとらわれていた。それはすぐ行動に。その一つが「ナゴヤ球場正門前駅」だった（**写真2-1**）。プロ野球・中日ドラゴンズの本拠地は1996（平成8）年まで、名古屋～金山駅間の東海道、中央の両在来線、東海道新幹線、そして名鉄名古屋本線から眺められる位置にあった。名鉄は1956（昭和31）年から「中日球場前駅（1975年に「ナゴヤ球場前駅」に改称）」を設置、試合開始日には特急を止めるなど、輸送サービスに努めていた。これに対し国鉄は、その貨物線が名鉄より球場近くを通るにも係わらず、駅を設けることはなかった。そこに目を付けたのがJR東海の新生社員だ。日本貨物鉄道（JR貨物）の名古屋港線に第二種鉄道事業を取得し、観客輸送に加わろうと計画。関係機関への届け出、工事申請などを手分けして行い、会社誕生からわずか4カ月で、球場に最も近いところに長さ135メートル、6両編成の車両が止まれるホームを設置。この年から落合博満選手がロッテから中日に移籍し、日本人初の1億円プレーヤーになったことも話題になり、球場まで歩いて1分の駅は賑わいを見せた。

しかし達成感に浸る余裕はなかった。事業の根幹とも言える、東海道新幹線を今後どうするのか。新会社の鉄道事業収入は、今も昔も8割以上は新幹線が占め、「東海道新幹線旅客鉄道」と名を変えてもおかしくないほど、新幹線あっての会社だからだ。その新幹線は1964（昭和39）年の開業から23年を経過。国鉄時代の最後に最高速度は時速220キロと10キロ早くはなったが、東京～新大阪間の所要時間は最速2時間52分と、20年前とさほど変わらない。車両も1985（昭和60）年10月に、新たに100系が運転を開始していたものの、まだまだ開業時からの0系が主流だった（**写真2-2**）。

写真2-1　貨物線の名古屋港線に新設した「ナゴヤ球場正門前駅」

写真2-2　開業から23年が経過。東海道新幹線のこれからが問われていた

■　1　迫りくる、航空機の影

　さらに、飛行機が文字通り、目の上のたんこぶ的な存在になりつつあった。当時の新幹線の航空便に対する市場占有率は、東京～名古屋は新幹線が100％、東京～大阪間も8割以上と、圧倒的に優位な立場にあった。しかし新会社発足の2年前の1985（昭和60）年、それまで国内の航空会社の国際線、国内線の役割分担を決めていた取り決めが、規制緩和で撤廃され、空も本格的な競争社会に突入していた。さらに7年後の1994（平成6）年には関西国際空港が完成、これに伴う大阪国際（伊丹）空港の国内線の拡充、1990年代からの羽田空港の国際化に伴う滑走路の新造などが相次ぎ、新幹線も東京～新大阪間3時間のままでは、その占有率は大幅に落ち込むことも予想された。社員の間でも「飛行機に負けたら、新幹線は終わりだ。それはJR東海という会社そのものの存続理由がなくなることだ」という切実な思いもあった。

　飛行機に勝つには新幹線の東京～新大阪間の所要時間を短縮するしかない。例えば、東京は丸の内、大阪は梅田に勤める会社員らがそれぞれ、東京、関西に出張するとする。飛行機で行く場合、丸の内から羽田空港まで約1時間、伊丹から梅田までが約30分だ。飛行時間が1時間弱でも、その途中の経路での1時間半をプラスすると、2時間半を要することに

なる。言い換えれば新幹線が東京～新大阪間を2時間半で走れば、航空便と到達時間は変わらないことになる。さらに新幹線は1時間あたりの本数が多く、突然予定が変わっても、乗車券の変更は容易で、かつセキュリティ検査など、搭乗までに何かと時間がかかる航空便よりも、乗車時が簡単という利点も併せ持つ。

　では東京～新大阪間2時間半は可能なのか。会社が発足した同じ年の年末、東京のJR東海新幹線運行本部車両部車両課の一角で、運輸、車両、施設、電気の4つの部門の課長クラスが、東京～新大阪間、2時間半の可能性を探るべく、パソコンを前に車両重量、走行抵抗、加減速性能、曲線通過性能などの数値を変えつつ、運転パターンのシミュレーションを繰り返した。そこには新会社誕生によるエネルギーがあふれ、「何か今までやったことがない大きな目標を達成したい」、「やれと言われれば何でもやる。できないとは絶対言わない」という空気に満ちあふれていた。「車両はアルミで…」、「台車はボルスタレスならば…」など、専門用語が飛び交い、そこだけが年末の恒例行事もないままに年が開けていく中、出た答えが、最高速度時速270キロ、曲線通過速度同250キロだった。

　同じ頃、当時、総合企画本部長で新幹線の改革の先頭に立っていた葛西敬之らが、フランスのTGVで当時の最高速度、時速270キロを体験。車内での「時速270キロってそんなに速く感じられないが、東海道新幹線ではなぜ220キロしか出せないのだろうか」との問いかけに、同行した技術陣は「欧州では地震の心配もなく、固い地盤に直線的に線路が敷かれている。しかし日本は路盤に加え、沿線騒音の問題もある。それでも、これらの条件を解決できれば、東海道新幹線で270キロは出せると思います」。

■　2　課題は振動、そして騒音

　1988（昭和63）年1月、経営会議で、「速度向上プロジェクト」の発足が正式に承認された。委員には総合企画本部長の葛西を筆頭（主査）に、新幹線鉄道事業本部長の副島廣海が副主査に、総合企画本部からは投資計画部長、計画課長、技術開発課長、調査役、営業本部からは本部長、さらに新幹線鉄道事業本部の営業、運輸、車両、施設、電気の各部長が

名を連ねた。さらに前年の暮れからパソコンと取り組んでいた面々が、「幹事会」という名で実務を担当した。

同年1月28日、東京の新幹線鉄道事業本部で開かれた、「第1回速度向上プロジェクト委員会」の冒頭、副島が立ち、「航空機との競争の激化を考慮し、東海道新幹線が高速輸送機関としての地位を将来にわたって維持するためにも、早急に最高速度時速270キロを実現できる車両および、これを支える地上設備の開発、改良を行うことが不可欠である。この開発はなるべく早期に完成させることが急務で、新たなプロジェクトチームを設置し集中的に行う。これに総力を結集しよう」と決意を述べた。

これを聞く、委員の頭の中は「環境」問題が渦巻いていた。ヨーロッパの大都市でも、列車が中央駅を出て15分ほど走ると、車窓はのどかな農村か、山村風景がほとんどで、住宅は数えるほどだ。勢い高速列車といえども騒音、振動はさほど問題にはならない。これに対し東海道新幹線はどこまで走っても「のどか」とは縁遠い。

アメリカの作家・ポール・セルーは「鉄道大バザール」（講談社）の中で、東海道新幹線の乗車体験に触れ、「私は東京の郊外がどの辺でおしまいになるか、興味をもって窓の外を眺めていたが、（略）沿線すべて都市の連続」と少々誇張気味に驚きを表している。そのため東海道新幹線は、開通後から沿線の騒音、振動が問題となり、名古屋では訴訟にまでなった。それをどう解決し、航空機に打ち勝つのか。

■ 3 「こんな車両できるのか？」

東京～新大阪間2時間半。この夢が一般の人々の目に触れのるは、「速度向上プロジェクト委員会」の設立よりより半年以上も前だった。JR東海は新社発足の2カ月後の1987（昭和62）年6月10日から、東京駅で「スーパーひかり」と名付けられた実物大の模型を展示(**写真2-3**)。車両の長さこそ半分の12メートルだが、その先頭形状は既存の100系に比べ鋭くとがり、客室は床が一段高く、天井部分まで伸びた窓は走行時の見晴らしの良さを思わせる。座席の背もたれには、3インチほどのテレビも埋め込まれている。会場を訪れた人々は、高速列車の未来を先取

写真2-3　東京駅などで展示された「スーパーひかり」のモックアップ（JR東海提供）

りするかのように見入っていたが、同社の関係者は展示を楽しむ余裕はなかった。2時間半のためには、模型のように100系を改良したのではなく、まったく新しい車両を作らなければならない、と分かっていたからだ。

　前述のように展示会から半年後に、速度向上プロジェクト委員会の下部組織となる幹事会が、正月休みを返上し、東京〜新大阪間2時間半のためには、最高速度時速270キロ、曲線通過速度同250キロとのシミュレーションの結果をはじき出している（**図2-1、14ページ図2-2**）。問題は、その速度で走り、かつ騒音、振動を時速220キロと同じにするには、

図2-1　当時作成された、最高速度時速270キロでの東京〜新大阪間のシミュレーション結果。
　　　　3本の曲線は上から現行100系、限界（改良）100系、300系で、
　　　　100系の性能では東京〜大阪間を2時間半で走るのは無理だとわかる（JR東海提供）

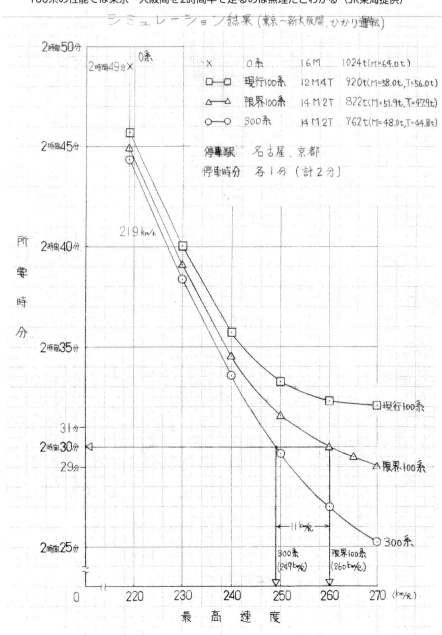

図2-2　最高時速270キロで運転した際の速度変化を示した「ランカーブ」（案）（速度向上推進チーム 車両分科会）（JR東海提供）

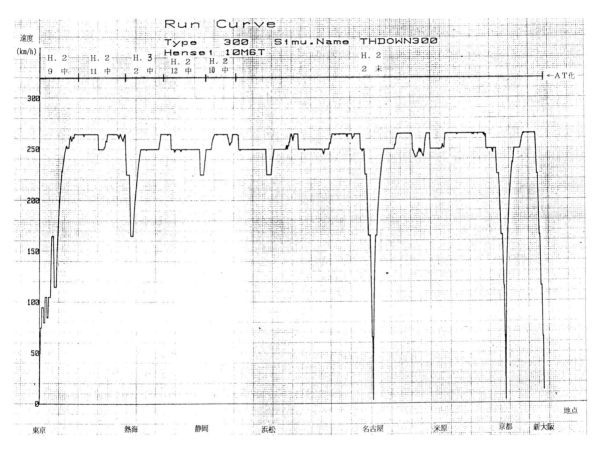

どんな車両が必要なのかだ。

　新幹線は国が定める指導基準で、振動ならびに騒音は、それぞれ線路の中心から直線で25メートル離れた所で、振動は地表面、騒音は高さ1.2メートルに計器を設置し、通過する列車20本のうち高い数値を出す列車10本の平均値が、振動が70dB、騒音が75dB以下にならなければならない**(図2-3)**。

　電車は最高速度を上げるには、電動機を大型化し出力を上げるのが一般的だ。しかし、その分だけ車両は重くなり、振動も増加する。言い換えれば車両の重さをそのままに、電動機の出力だけを上げられれば、その分速度が向上しても振動が増加することはない。委員会では1列5人掛けを、4人掛けにする軽量化案も検討された。しかし東海道新幹線は大都市間を結ぶため、乗客数は世界的にみても、他と比較にならないほど多く、輸送力の現状維持は大前提で、即座に却下された。

　車両の重さを表す言葉に軸重がある。日本の鉄道車両は、1つの車体を2つの台車で支えるボギー車が大半を占める。1つに台車には2軸の輪軸が付いているから、車体は4本の輪軸で支えられており、車体の重量を4で割った数値が軸重だ。ちなみに鉄道で

は一般的に「車輪」は円形の回転する部分だけを言い、中央の車軸の両端に車輪が2枚ついた全体を輪軸と呼ぶ。

　0系は、乗客を乗せた時の軸重は16トンだ。では最高速度時速270キロの走行時に、周囲にもたらす振動を、同220キロと同じに抑えるには、軸重が何トンならばいいのか、委員会は早速実車を使って実験をすることにした。

　0系の両先頭部分の2両を除く中間の12両を4両ずつ、床下の装備品などを外した11トン、0系の空車時と同じ14トン、そして16トンのままの3種類の車両に分けた、軽軸重試験車を編成。1988（昭和63）年5月24日から6月3日までの間、豊橋駅〜三河安城駅間で走行試験を実施した。時速120キロ、同170キロ、同210キロで深夜5、昼間11の計16往復で、車両の騒音と振動を、地上に設置した機器で測定した。その結果、まず騒音は軸重を下げただけでは下がらないことが分かった。

　列車の騒音は、レール上を転がる車輪の発する転動音に加え、パンタグラフ、車両の連結部分、そして先頭部分が発する、風切り音が大きく影響する。特に時速200キロ以上の高速になると、台車周りの

図2-3 空力騒音に関する地上と車両の関係図　（JR東海提供）

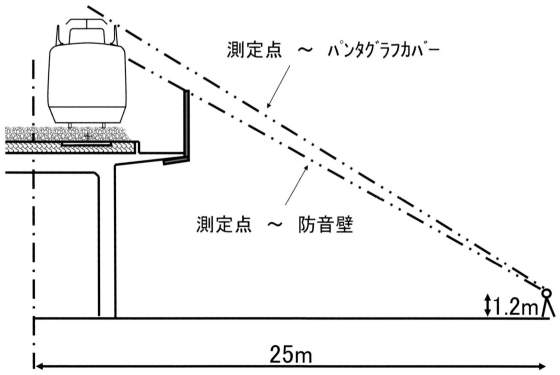

測定点　〜　パンタグラフカバー

測定点　〜　防音壁

1.2m

25m

車輪などが発する音よりも、風切り音の方が周囲に与える影響は大きい。試験結果は車体の空気抵抗に対する、思い切った発想の転換を求めていた。

その一方で、振動は軸重が大きく関係していることも判明した。但し11往復の試験はすべて最高速度が時速220キロだ。得られたデータから、同270キロ時の振動を推定すると、軸重11.3トンの車両ならば、その振動は時速220キロと同じ範囲に納まることが分かった。

総重量45トンの車両といえば、在来線の全長20メートル車両とほぼ同じだ。新幹線の車両は同25メートルで、しかも在来線の線路幅は1067ミリの狭軌だが、新幹線は1435ミリの標準軌と、線路幅も異なる分、車体の幅も広い。さらに高速で走るため電動機も台車も大型だ。計算結果を知った委員会、幹事会のメンバーの本音は、「こんな車両できるのか？」。でも作らなければ未来はない。

■ 4　担当者が競うのは、グラム単位の軽量化

もう一つ高速化に向けた重要な課題がある。乗り心地だ。目的地に早く着くのはいいが、乗っている人が不快では、客商売である鉄道は成り立たない。乗り心地は振動、騒音に加え、曲線を曲がる際の横揺れも大きく影響する。列車が曲線を通過する際には遠心力で外側に向けた力が働く。決められた速度以上で曲線に進入すると、この力で列車は脱線する恐れもある。そこで外側のレールを内側より高くする。これをカントという。ジェットコースターなどは極端なカントをつけ、高速で曲線を通過させるが、鉄道には限度がある。傾きが大きすぎると、曲線の途中で内側に転倒する恐れがあるとともに、乗り心地の面からも問題がある。そこで内側と外側のレールの高さの差は最大200ミリと決められている。東海道新幹線も開業時から時速250キロで通過できるように、カントは設計上200ミリに設定されていた。しかし開業時の速度設定から180ミリに抑えられていた。では実際にカントを200ミリに上げて、時速250キロで通過したときの、乗客の乗り心地はどうなのか。幹事会の面々は、国鉄時代の経験から「いけるだろう」という感触はあった。しかし机上の計算だけでは周囲すら説得できない。ここは根拠あるデータを集めようと、1989（平成元年）の2月から3

月にかけて、0系を使っての試験を行った。

20歳以上の成人男子40人に乗ってもらい、半径2500メートルの曲線を120キロ、170キロ、210キロで通過。それぞれの被体験者が「不快」と感じたら、手元のボタンを押してもらう方式で計測。その結果から、車両が外に振られる左右定常加速度が0.09G以下ならば不快と感じない、との結論を得た。あとは実際に軽い車両を作るだけだ。

実は軽量化に向けたそれぞれの要素技術は、国鉄時代にある程度は完成していたことはすでに書いた。幹事会では、それらの技術を取り入れかつ、軽量化に向け、根本的に見直す作業がはじまった。車体、台車、電気それぞれを担当する部署ごとにノルマを課し、一つひとつ部品の重量をキロどころか、グラム単位で検討。それぞれの部署が「お前のところはもう少しなんとかならんか」、「ウチはもう手一杯。お前のところこそ」と、各部署の担当者が、連日つばぜり合いを演じた。その中から、少しずつ見えてきた、軽量化の成果を車体から振り返る。

■ 5　要（かなめ）はアルミ押し出し加工

鉄道車両の車体は6面体の箱だ。従来の方式は床板に柱を立て、側面にあたる壁をリベットか溶接で固定し、その上に屋根をつける。使う素材が鉄かアルミかなどの違いはあるが、新幹線も200系、100系までは基本的にはこの方式で作られている。しかし300系は根幹から製造方法が見直された。床板を設置するまでは一緒だが、そこに柱は立てない。「アルミ押し出し加工」を駆使した。

「押し出し加工」とも呼ばれる技術は、トコロテンと同じ理屈だ。四角く固めた寒天質を専用の器具で細い糸状に押し出すように、アルミを求める形、例えば6角形の穴の中を通せば、鉛筆上のアルミ棒が取り出せる。トコロテンと異なり、素材を連続的に押し出せるので長さに制限がないのも特徴だ。300系では、9,500トンもの巨大なプレスを使い、6N01と呼ばれるアルミ合金を、厚さ2.3ミリ、幅約600ミリ、長さは車体と同じ24.5メートルの板状に押し出す。板には100ミリ前後の間隔で横方向に「リブ」と呼ばれる、断面がT字型の補強材がつく。それぞれの板の長辺部分を溶接でつなぎ、窓の部分をくりぬき、天井部分も合わせた筒状のものを作る。

さらに窓と同じ1,020ミリの間隔で、床から天井まで、側柱をスポット溶接で固定し強度を保つ。従来の車両は柱が全体を支えていたが、300系は側柱と壁で全体の強度を保っている。車体は扉、窓などの開口部が小さければ小さいほど補強が少なくてすみ、軽量化に貢献する。このため窓は100系のような横長から、0系の後期にも採用された1つの席に1つの、縦型に変わった。窓の面積が小さくなれば、ガラスも小さくなり、その分軽くなる（図2-4）。

300系以前にも押し出し加工はあった。しかし300系が求める精度は、厚さ2.3ミリプラスマイナス0.5ミリと極めて厳しい。薄すぎては強度に問題があり、また厚すぎても車体重量に大きく影響する。アルミの押し出し加工の進化が、300系の車体を現実のものにした。

さらにスポット溶接の採用も貢献している。アル

ミの溶接は素材の融点が低いため、高熱の溶接では、ひずみが出やすい。しかしスポット溶接なら、ひずみは許容範囲に納まる。

鉄を使った100系の車両の構体部分の重量は10.3トン。アルミを使うも従来の方法で作られた200系が8.5トンだったのに対し、300系は6.5トンと、ここで1両あたり4トン、軸重で1トンの減量に成功した。

同じ箱形でも、0系、100系に比べると300系の車体は背が低く角張った印象を受ける（**18ページ写真2-4、写真2-5**）。

これまで天井部分にあった空調設備の機器を床下に移すことで、車高を3,600ミリと100系の4,000ミリより400ミリ低くした。断面積を小さくしたことで重心も300ミリ下がり、曲線での安定性も向上した（**18ページ図2-5**）。

図2-4「アルミ押し出し加工」を駆使した、300系の構体構造（JR東海提供）

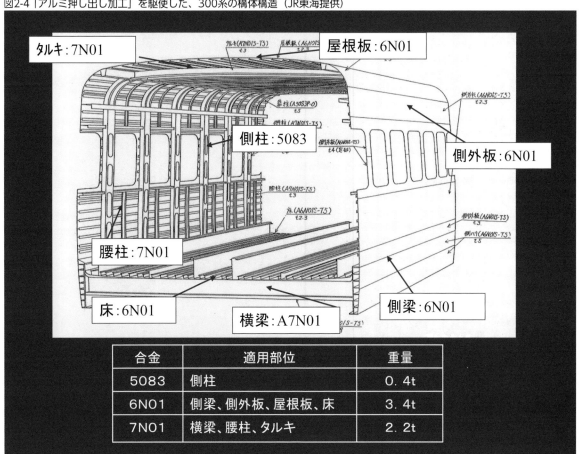

合金	適用部位	重量
5083	側柱	0.4t
6N01	側梁、側外板、屋根板、床	3.4t
7N01	横梁、腰柱、タルキ	2.2t

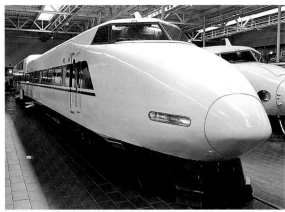

写真2-4　鉄を使用した100系

写真2-5　「アルミ押し出し加工」を駆使した
300系（J0）編成の構体内部（JR東海提供）

図2-5 100系と300系の車体断面図比較表（JR東海提供）

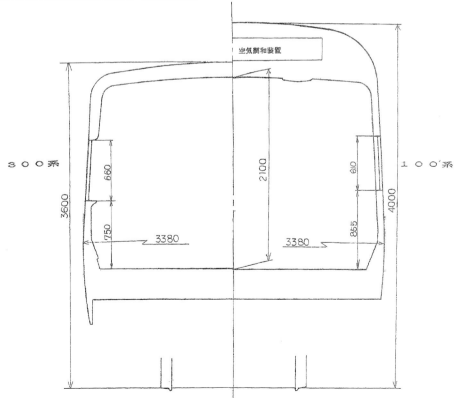

■ 6　先頭形状を決めるのは、最後尾の「渦」

先頭形状も大きく変化した。その形はともするとデザインで決まると思われがちだが、最適な空力特性を求め、度重なる試験結果から導き出されている。ちなみに、その形状によってどの程度空気がスムーズに流れるかを表す係数にCD値がある。「抗力係数」とも言われ、数値が小さいほど空力特性が優れている。自動車も、この値を10％小さくすると、燃費は2％向上するといわれる。

300系もこのCD値を考慮し3通りの形状が考えられた。A案は100系を進化させ、B案はこれまでにない斬新さを誇り、C案は先端を自動車に似せた平面形状だ。さらにAとCは先頭下部にスカートが付くが、Bだけは「先端を下方まで絞り、スカートを兼用」した流れるような曲面を描く（**図2-6、図2-7**）。

それぞれの風洞試験の結果、CD値はBとCが0.2と一番良かった。ちなみに100系は0.25だ。しかしこれだけでは決まらない。

高速走行時、車体側面を流れた風が最後尾を抜ける時に巻き込む形で、車両を横に揺らす。これが乗り心地にも影響する。この「カルマン渦」が、新幹線の大きな課題でもある。風洞実験ではB案が最も横揺れが少なく、これが決定打となり採用された。運転台のフロントガラスは新幹線では初めて、3次元の曲面ガラスを採用し、前面の空気の流れをよりスムーズにし、かつ騒音に対する効果も大きかった。

図2-7　この3案により、風洞実験が行われた（JR東海提供）

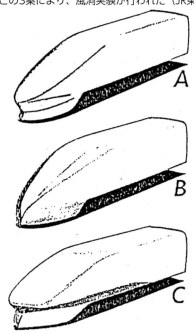

図2-6　検討された3通りの先頭形状（JR東海提供）

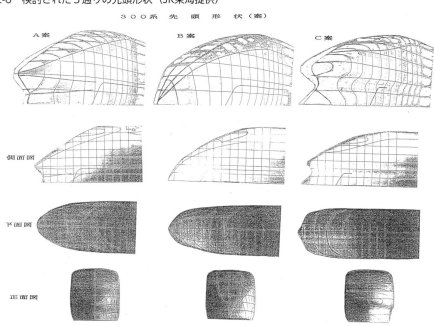

■ 7　騒音源のパンタグラフの数を減らす

　改めて、新幹線の走行時の騒音を発生源別にみると、先頭部、連結部、台車周りにパンタグラフがある。先頭部は形状を考え、連結部は外幌で覆い、700系以降の台車周りは車体側面のカバーと線路際の防音壁でかなり改善されている。残るはパンタグラフだ。超指向性マイクで、走行中の列車の音の大きさを測定すると、パンタグラフが通過する時が、最大となることは分かっている。時速270キロで走行すれば沿線に与える負荷も大きい。架線と常に接し摩擦音や風を切ることから発生する、空力騒音をいかに減らすのか。空力音は速度の約6乗に比例して増大すると言われている。パンタグラフも気流に晒される部材を少なくし、気流を乱さず後ろに流す形が求められる。さらに空気の流れを変え、パンタグラフに直接風が当たらないようにするため、カバーで覆うことも検討した。実物大の車両とパンタグラフを、大型風洞内に設置して試験を繰り返した。その結果から生まれたカバーは、当初は2両にまたがる形になったが後に改良され、1両で収まるようになった（**写真2-6**）。

　パンタグラフの最大の騒音対策は1編成あたりの数を減らすことだ。これは同時に架線との離線時に発生する「ゴー・バチバチ」というアーク放電音の減少にもつながる。0系は16両編成で8つ、100系は同じ編成で6つだったのに対し、300系は3つで、1つは予備で通常の走行時は2つと大幅に数を減らしている。電車の電動車（M車）は「動く」、「止める」ために必要な機器が多く、複数両の床下に分散して搭載している。これを「ユニット」という。0系と100系はともに2両1ユニットだ。0系は全てが電動車だから8ユニット、100系は電動車が12両だから6ユニットだ。それぞれのユニットに1つのパンタグラフが付くから、編成全体の数は、「8」と「6」になる。これ対し300系は3両1ユニットだから「5」になるはずだ。しかし屋根上に変電所からの電気を各ユニットに供給する、「特別高圧引き通線（母線）」を設置したことで「2」まで減らすことができ、アーク放電音も少なくなった（**写真2-7**）。同音はパンタグラフが離線した瞬間、両者の間に電位差ができ放電するのが原因だ。300系はすべてのパンタグラフが、母線でつながれており、1つパンタグラフが離線しても、別のパンタグラフから電気が供給され、アーク放電音は起きづらい。ではなぜ0系でできなかったのか。それは変電所から電車への、電気の供給方法が改良されたからだ。詳しくは次章で述べる。

　先頭形状や側面、さらにはパンタグラフなどが受ける空気抵抗は、風洞実験やCD値の計算結果などから、それぞれの数値を設定する。この和が、列車編成全体が受ける走行抵抗になる。設計段階でこの数値を設定するが、これを間違えると実際の走行時

写真2-6　改造前と改造後の300系パンタグラフカバー（JR東海提供）

写真2-7　300系の「特別高圧引き通線（母線）」（JR東海提供）

に大きく影響する。走行抵抗が実際に想定した数値より大きくなると、力行するときの電動機や主変圧器、主変換装置（CI）などの容量が不足し、想定した最高速度が出ない。逆に低く見積もると、今度はブレーキ時に影響がでる。走行抵抗はそのままブレーキ力の一部になるから、結果的にブレーキ力が弱くなった形になって、停止位置で止まれなくなる。300系は、車両高を400ミリも下げ、断面積も減少し、かつ重量も30％軽くなり、走行抵抗を想定するのは至難の業だった。このため設計時の走行抵抗は、力行の時には大きめに、逆にブレーキ時は小さめに見積もった。まさに設計陣全体が暗中模索の中の答えだが、実車の走行抵抗は2つの想定値の間に収まり、新たな設計変更はなかった。

■ 8　初の試み、直流から交流への変換

　300系の軽量化には、VVVF制御に代表される、電動機等の駆動システムも大きく貢献している。

300系が最高時速270キロで走るために、車体重量が100系より3割軽くなったことを勘案しても、1万2,000キロワットほど必要になる。しかしその分大型の電動機を取付けたのでは車体全体が重くなり、軽く作った意味がなくなる。ではどうするのか。答は交流の誘導電動機だった。

　鉄道車両の電動機は長い間、直流の直巻電動機が主流だった。速度制御が比較的容易で、低速でのトルクが大きく、かつ高速回転が可能で、広範囲な速度域で効率よく使用できる。0系も100系も、架線から供給される交流を、整流装置によって直流に変換し、電動機を回していた。しかし回転する部分に電気を送るためのカーボンブラシが、整流子面に接しながら回転する。この部分が摩耗し、定期的に交換しなければならないなど保守に課題があった。

　これに対し交流電動機は軸受け部分を除くと、摩耗する部品もなく、保守が容易で軽量だが、回転数の制御が難しい。このため鉄道では長らく使われることはなかった。しかし1980年代に入り、一般産業

用交流誘導電動機の可変速制御技術が進歩し、鉄道への展開も予想されるようになった**（写真2-8）**。

　交流誘導電動機は、供給される電気の周波数に応じて回転数が決まる。言い換えれば電動機に流す電気の周波数を変えられれば、回転数を制御できる。そこで使われるのがインバーターだ。直流を交流に変える装置だが、変換する際に周波数を自由に変えられる特徴を持つ。これで交流電動機でも望む回転数が得られる。それでも鉄道車両の駆動には大きな電力が必要で、これに対応するインバーターの開発が遅れていたが、一般産業用の可変制御の進歩で鉄道でも使えるようになった。その代表的なものが、VVVF（バリアブル・ボルテージ・バリアブル・フリークエンシー＝可変電圧可変周波数制御）だ。

　1972（昭和42）年、国鉄が日本で初めて試験車に交流サイリスタ電動機サイクロコンバーターを装荷した。その後、民鉄を中心にVVVF制御の実用化が進んでいく。国鉄も1986（昭和61）年に、207系通勤電車1編成を常磐線に投入している。その後、JR各社は在来線での導入を進めていく中で、300系は軽量化への必然として、新幹線としては初めてVVVF制御を採用した。

　パンタグラフで集電した2万5,000ボルトの交流を、主変圧器で885ボルトに下げ、コンバーターで1,900ボルトの直流に変換する。それをインバーターのGTO（ゲート・ターンオフ・サイリスタ）と呼ばれる半導体素子が、1秒間に数百回の単位で電流を切ったりつないだりの、オン・オフを繰り返すことで、必要な周波数を作り出す。コンバーターとインバーターは一体化され「CI」とよばれる。動作時に高熱を発するため冷却装置が不可欠で、300系は強力な送風機（ブロア）で強制的に冷却している。

写真2-8　300系の交流誘導電動機（JR東海提供）

■9　回生ブレーキが変えた床下配置

　駆動システムの改良は、ブレーキシステムにも大きな変化をもたらした。新幹線のブレーキは「常用」「非常」「補助」「緊急」の4種類がある。「常用」はその強さによって7段階（ノッチ）に分かれる。「非常」は「常用」の最大「7ノッチ」のさらに40％増のブレーキ力が発生する。この2つは運転士の操作で入り切りできる。運転士からの指令は、電気信号で各車両のブレーキシステムまで達する。この電線の指令系などに異常が生じた時に使用されるのが「補助」で、列車は70キロに速度を落とし、最寄り駅など安全が確保できるところで停止する。しかし新幹線では、1964（昭和39）年の開業後、一度も使われたことはなく、N700系以降、指令系統が二重化されたことで廃止された。また、「緊急」は列車間の連結器が外れるなど、運転士が気づかない事態が発生したとき、運転士の意思にかかわらず作動する。これら4つのブレーキシステムを駆動する仕組みは、大きく2つに分かれる。機械と電気だ。

　機械ブレーキは、昔は鋳物製、近年は合成樹脂製の制輪子（ブレーキシュー）を、人や圧縮空気の力で、車輪の踏面に押し付け止める。しかし、新幹線は高速時にこの方式を用いると、踏面に摩擦熱による摩擦が生じ、乗り心地などに影響を与えるため使えない。そこで車輪に取付けられた金属の円盤に、ライニングを圧縮空気の力で押し付けて減速する、ディスクブレーキを用いる。

　ライニングはさまざまな金属を金型に入れ圧縮し、それを1,100℃前後の高温で熱する「焼結合金」が使われている。どんな金属を混入するのか、試行錯誤を繰り返し300系の設計と並行し2年間かけてメーカーと開発したライニングは、その後の日本の多くの高速車両の基本になっている（**写真2-9**）。

　一方の「電気」は電動機を、発電機として使うことでかかる負荷を利用する。電車は電動機への電気の供給を止めた後も、かなりの距離を惰性で走る。そこで「（電動機の）磁界の中で導体を回転させると、その導体に起電力が発生する」という法則を活用し、電動機は発電機に変身させ、列車に負荷を与える。機械ブレーキのように物理的な摩擦力を必要とせず、高速での制動力が高いなどの特徴から、現

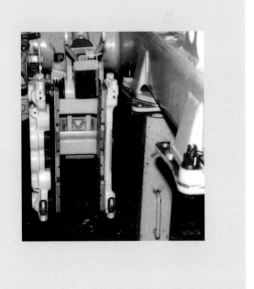

写真2-9　300系のブレーキ（JR東海提供）
　　　　車輪内側に付いたディスクにライニングを押し付ける（写真左）
　　　　縦に並行して取付けられているのがライニングで、通常はこの間に車輪が入る（写真右）

代の鉄道車両には欠かせない。新幹線の「常用」は減速開始直後に、機械ブレーキが一瞬（1～2秒）作動し、電気ブレーキが働くと、機械ブレーキは自動的に解放される。原則、時速30キロまでは電気で、それ以下は「機械」で停止する。「非常」も電気ブレーキが優先し、機械ブレーキが補足する形で、より強力な制動力を生む。

電気ブレーキで発電した電気はどこかで使わなければ、制動力は発生しない。直流電動機を使っていた0系、100系は床下に抵抗器を搭載し、発電した電気をそこに流し、熱に変換することで消費していた。抵抗器は1台あたりの重量は1,186キロで、編成で6台、計7,116キロにもなる。さらに1つの大きさが縦1.3メートル、横2.4メートルと場所もとる。制動時にしか使わない抵抗器が無くなれば、床下配置に余裕ができるのはもちろん、軽量化にも大きく影響する。軸重に換算すると、1軸あたり148キロ、0.148トンも軽減されることになる。では発電した電気はどこに流すのか。その答が「回生ブレーキ」だ。

新幹線への交流電動機と回生ブレーキの導入のきっかけは、北陸新幹線だった。高崎（群馬県）～軽井沢（長野県）間で30パーミル（水平距離1,000メートルに対し30メートル登る勾配）の急勾配が連続し

て続くため、下り時に発電する電気が多すぎて、すべてを抵抗器で熱に変換することができない。このため、電気ブレーキが有効に働かず安全に坂を下れないことが想定された。ここで浮上したのが、車両が発電した電気を架線から変電所に戻し、他の車両の動力源とする回生ブレーキだ。ここから交流回生ブレーキの研究がはじまった。

国鉄時代の1984（昭和59）年、「交流回生ブレーキ調査専門委員会」が、交流制御を研究し軽量化という要求にあったインバーター、「電圧形PWM（パルス幅変調器）」という方式を選定した。1987（昭和62）年には、0系に搭載して工場内で、時速30キロ程度で走る試験も行われている。しかし実際に新幹線に適用するとなると、まだまだ課題は山積していた。それでも「2時間半列車」の実現のため、車両の軽量化を目指すには交流電動機、そして回生ブレーキは絶対に欠かせない技術だった。そこでJR東海は、国鉄の委員会を引き継ぎ「交流電動機駆動検討委員会」を設置した。交流電動機で発電した交流を、駆動時とは逆の流れで、インバーターで直流に変換し、コンバーターで周波数60ヘルツの交流に戻し、架線に還す。この流れの実用化に向け、試験編成で何度もテストを繰り返した（**図2-8**）。

図2-8　交流回生ブレーキの概念図（JR東海提供）

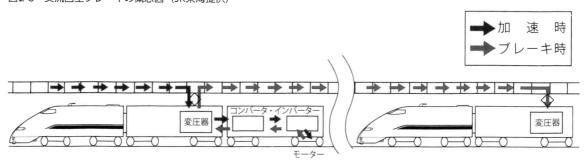

一方、付随車（Ｔ車）のブレーキをどうするのか。電動機がないので、発電ブレーキは使えない。そこで100系のＴ車には渦電流ブレーキ（ECB）が使われていた。車軸に取付けた金属板の円盤（ディスク）を電磁石で挟んだ構造で、ブレーキ力が求められるときに、電気ブレーキで発電した電気を電磁石に流すと、回転するディスクに渦電流による磁力が発生する。ここで電磁石の磁力との間で、吸引力と反発力が作用することで、円盤に回転方向とは逆の力が働きブレーキ力となる。300系も6両あるＴ車に同ブレーキを装着するが、最高速度が270キロと向上したこともあり、ECBブレーキは想定したブレーキ力が出ず、その分をＭ車で負担したり、機械ブレーキに頼ったりせざるを得なかった。

■10　応荷重装置で防ぐ、車輪の滑走

ブレーキは「滑走」という問題も含んでいる。鉄道は、鉄のレールの上を鉄の車輪が転がるが、このレールと車輪の間に働く摩擦力を、鉄道では粘着力と呼ぶ。

ある物体を板の上に起き、板を傾斜させていくと、ある時点で物体は滑り降りてしまう。この直前の最大摩擦力は、物体の重さに比例し垂直に働く抗力に、摩擦係数を掛けた値で、これを超えた力が働くと物体は滑り始める。鉄道も車輪がレール上を滑らずに、力を伝達している時は摩擦力で前に進むことができる。この摩擦力が粘着力で、滑る直前の最大の摩擦係数を粘着係数と呼ぶ。

ブレーキをかけたとき、ブレーキ力が粘着係数を上回った場合、車輪はレール上を滑る、滑走が発生する。これが起きると車輪がある面だけで接するため、その部分だけが摩耗し、車輪が真円でなくなる。これを「フラット」というが、乗り心地にも影響を与える。また、新幹線は車輪の回転数から、自車の位置を演算している。滑走はその数字に狂いが生じ、ATCの制御などにも支障をきたす。このため粘着係数と、それに見合うブレーキ力の正確な把握は、高速運転を行う新幹線にとって重要な課題だ。

粘着係数は雨や露など、レール上が濡れた湿潤状態の時や、勾配、曲線、トンネル等の地上の条件、編成内の車両の位置、前から何番目につながれているか、また軸重の移動など、さまざまな要因で変化する。粘着係数を把握するには、日々の営業車、それも編成内の号車ごとのデータなどに加え、その日の気象条件なども考慮し、長期間にわたって各車軸の走行時のデータを収集しなければならない。

300系の開発にあたり集められた100系のデータから、滑走は先頭車と2両目に集中して発生することが分かった。これはレール上の水、雪、塵埃等は、先頭車の車輪の滑走の原因となるが、同時にそれらは除去されるため、後続の車輪はその影響が低減されるためと考えられる。

そこで300系では先頭車のブレーキ力を抑え、その分を中間車に負担させ、編成全体のブレーキ力を確保する「編成粘着制御」を採用した。さらに車両の重さの変化でブレーキ力を変えることに。

ブレーキは車両が空車時より、乗客が乗車し重くなった時の方が強い力を求められる。0系、100系の常用ブレーキは、乗客が乗った状態での粘着係数に合わせて設計されている。このため空車時のブレーキ力は粘着係数より強くなり、滑走の原因ともなっていた。そこで300系は乗客が乗った時に荷重が増え、ブレーキ距離が伸びるのを防止する、「応荷重装置」を採用している。乗客が乗ればその重さに比例して、台車の空気ばねは中の圧力が上がる。この差を検知し、それに応じてブレーキ力を調整する。

在来線は通勤電車など、定員以上に乗客が乗る電車は、この応荷重装置を装着している。ところが0系、100系は車両の重量が60トン近くもあるので、乗客が乗って5～6トン増えても、1割にも満たないので必要なかった。しかし300系は3割も軽くなったため、この5トン、6トンが大きく影響してくる。

ちなみに東海道新幹線の車両の最大定員は100人だ。これを重さに換算するとき、鉄道では昔から項目によって1人あたりの重量は異なる。軸重は1人あたり50キロで、100％、要は50キロの人が定員の数だけ乗車した時の重さで計算する。これに対しブレーキ力や、台車の強度などを考えるときには人の重さは60キロになり、150％、定員の1.5倍乗った状態で考える。これで計算すると100％乗車で6トン、150％で9トンになり、40トン余の300系では無視できない数字となる。

応荷重装置の導入に先立ちここでも、実車による実証試験が行われた。JR東海の浜松工場で、同工場の従業員30人と、10キロ入りのポリタンクを

用意した。100系に人とおもりを乗せて、最大9トン、150%まで荷重し、空気ばねの圧力がどう変わるかを徹底的に調査した。重さが均一にかかるように、車内で分散して乗ったり、片側もしくは端っこに寄り、中を歩いたり、飛び上がったりとあらゆる条件を考え、さらに構内で試運転し、振動を受けた時、空気ばねの内圧がどう変化するのかも検証した。この結果、300系の滑走頻度は100系の約半分までに減少した。

　さらに時速270キロ化に合わせて、品川駅付近の下り線に、走行中の軸重の振動からフラットを検知する装置を設置し、万が一、検知したら車両基地で、車輪の形状を整える体制をとった。しかしその発生率は300系で1,010万キロに1回だった。通常、1つの車両が一生走る距離は600万キロ～900万キロで、この数字からも発生確率が極めて低くなったことが分かる。

■ 11　課題はバネ下荷重の軽減

　新幹線の台車は、車両全体の重量のうち3分の1程度を占める。軽量化には見過ごせない部分だが、同時に走行安定性と乗り心地にも大きく関係する。その台車が抱える大きな問題の1つが「だ（蛇）行動」だ。ある一定以上の速度になると、輪軸がレール上をまっすぐ進まず、左右に振れる、丁度、蛇がくねくね進む姿に似ていることから、この名がある。原因はいくつか考えられるが、その一つに車輪の踏面

勾配がある。鉄道の車輪はレールに接する面（踏面）が、外側に行くほど細くなる円錐状に作られている。鉄道には、自動車の差動装置に相当する機器がなく、曲線でも外側と内側の車輪の回転数を変えることができない。その代わりに曲線にさしかかると遠心力で輪軸が外に押し出され、内側の車輪より外側の方が直径の大きなところでレールと接する。これで回転数の差を調整している。しかし踏面が円錐状の車輪が直線上を進むと、レールのちょっとした凸凹などで、輪軸全体が左右に振れはじめる。これが「だ行動」で、踏面形状故に一旦起こると止まりにくくなる。

　時速200キロ以上で走る新幹線は、開業前の車両開発時からこのだ行動を抑えることが大きな課題だった。それが起きにくい台車の仕様を決め、保守作業で摩耗する踏面を正しく削ることによってこの問題に対処した。

　国鉄は1969（昭和44）年、将来の時速250キロ運転を見据え、951形試験車を製作（**写真2-10**）。高速化のために車輪直径を大きくし、特殊なブレーキを装着していたため、バネ下質量が大きかった。このため走行試験を繰り返す中で、時速220キロを超えたあたりで異変が。繰り返しになるが、車体の重みは4本の輪軸で支えられている。車体が40トンなら1本の輪軸にかかる重さ、すなわち軸重は10トンだ。実はもう一つ車輪にかかる重さの表現がある。輪重だ。左右の車輪にかかる重さを表す。停車時など安定した状態ならば軸重の半分、車体が40トンならば

写真2-10　国鉄が開発し試験を重ねた951形試験車

8で割るから5トンになる。しかし曲線通過時やレールの凸凹などで、片方の車輪が浮き上がったりすると左右のバランスが崩れる。951形の試験中も、高速である地点を通過すると、急激に輪重のバランスが崩れ、輪重が大きく変化し、それ以降の走行を中断せざるを得ないことがあった。この現象について、研究陣は議論を重ねた。詳細な調査で、溶接の継目など、レールの頭頂面の凸凹が顕著なところや、まくらぎの下に浮きなどがあると、片側の車輪が急激に落下したような現象が起き、その際、台車のバネ下質量が大きいと輪重に大きな変化が生ずることが分かってきた。

バネ下質量とは文字通り、車輪と台車の間にある、軸ばねから下の質量を表す。この重さを緩衝するものもなく、直接レールに伝わるため、与える負荷も大きくなる。一般的にはバネ下質量を減らせば、レールの傷みも減り、保守の経費も下がるという。

951形の後に登場した961形が、1979（昭和54）年に、当時の最高速度時速319キロを記録したが、同形は951形よりバネ下質量を小さくした試験台車を採用。この結果、高速試験時の輪重の変化は許容できる範囲に納まった。このことから、台車のばね下質量を小さくすれば輪重も安定し、軌道への負担も減り、同時に直線での走行安定性もよくなった。こ

れが分かった時点で次の課題が、台車の構造の簡素化と軽量化だった。その答は国鉄時代からすでに見えていた。ボルスタレス台車だ。

■ 12　切り札は、ボルスタレス台車

四角い枠に輪軸を2軸取付けた台車の主な役割は、車体などの荷重を支えながら、レールの上を確実に走ることだ。台車と車体の接続は四角い枠の中央に渡された、ボルスタと呼ばれる梁の中央の穴と、車体の穴がセンターピンで結ばれている。ボルスタは「マクラバリ」とも呼ばれるように、梁の両端にバネが置かれ、その上に車体が載っている。この部分がショックアブソーバー的な役割を持ち、レールからの振動を直接車体に伝えず、逆に車体の振動がそのまま輪軸に伝わらないよう緩和している。技術の進歩と供にバネは金属のコイルバネから空気バネに。特にダイヤフラム型という空気バネが開発され、上下動だけではなく、左右や回転運動などにも対応できるようになった。これでマクラバリの存在意義が薄くなり、軽量化の意味からも、ボルスタのない（レス）台車、つまりボルスタレス台車が注目されはじめた（**写真2-11、28ページ図2-9、図2-10**）。

ボルスタレス台車そのものは、そんなに新しい技

写真2-11 300系用ボルスタレス台車（JR東海提供）

術ではない。コイルばねを使う機関車では、かなり昔から多用されてきたが、乗り心地などで課題があり、乗客を乗せる車両では実用化されなかった。それがダイヤフラム型が開発されたことから、国鉄は

1985（昭和60）年、在来線の通勤・近郊電車の205系、211系に初めて採用している。

新幹線でも1980（昭和55）年、0系用の台車をベースとした、ボルスタレス台車を試作している。1983

図2-9　マクラバリがある台車（JR東海提供）

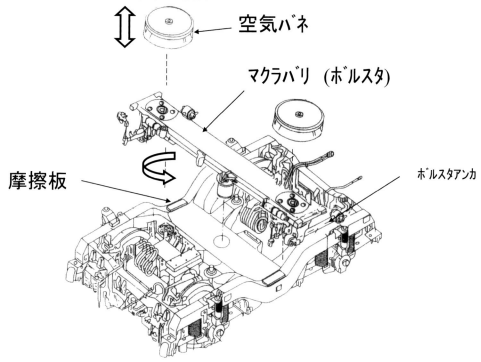

空気バネ

マクラバリ（ボルスタ）

摩擦板

ボルスタアンカ

図2-10　ボルスタレス台車（JR東海提供）

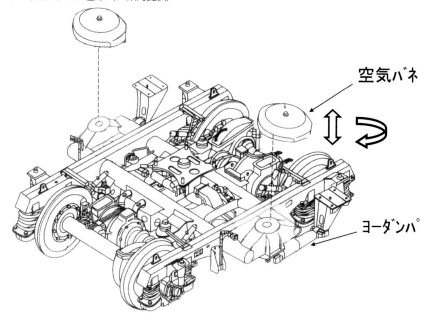

空気バネ

ヨーダンパ

（昭和58）年にはこの台車を、951形試験車に取付け、構内での試験走行を行い、基本特性を把握している。

　1985（昭和60）年には、軸箱を支える構造が異なる、3種類のボルスタレス台車を試作。翌年、100系に装着し走行試験が行われた。その中で最も実用化に近いと思われる1種を、国鉄分割・民営化後の1987（昭和62）年からJR東海と、公益財団法人鉄道総合技術研究所（JR総研）で改良し、乗り心地の試験などを繰り返した後に100系で30万キロの長期走行試験を行った。その後も改良を重ねるとともに、0系、100系でも実用化、1990（平成2）年には山陽新幹線で、最高速度時速275キロの実用化に向けた試験を行い、300系用の原型となるボルスタレス台車が誕生した。

　実際に300系に使用された台車は、それまでの重い直流電動機から、軽い交流誘導電動機に変わり、車輪径も0系より50ミリ短い860ミリで、車軸も中心部が空胴の「中ぐり軸」を採用、軸箱もアルミ合金を使うなどの軽量化が行われた（**写真2-12**）。

　1990（平成2）年から開始された、300系量産先行試作車（J0）の走行試験で、試作されたボルスタレス台車の長期走行試験も実施された。（**写真2-13～30ページ写真2-17**）

　ボルスタレス台車の課題もだ行動だ。マクラバリの上に空気ばねが載っているときは、空気ばねの横揺れに対しストッパーを付けて制御した。しかしボルスタレス台車はマクラバリがないので、特に曲線などではふらつきやすい。ボルスタがあれば上下、左右方向のみの対応で済むが、ボルスタレス台車の空気バネは、旋回に伴う前後方向の動きにも許容することが求められる。このため空気バネ本体の下部に「積層ゴム（ストッパー）」を配置し、このゴムにも台車旋回時に、水平変位の一部を負担させている。さらに台車と車体を油圧シリンダーのヨーダンパーでつなぎ、だ行動を起こしにくくしている。

　1991（平成3）年にはJR総研に新たに設置された、時速500キロまで対応できる、高速試験車両装置で、この台車を徹底的に試験。ヨーダンパー1本に異常があっても、時速350キロまで安定して走ることもわかり、営業運転に耐えられることが十分確認できた。

　交流電動機と回生ブレーキの導入で、300系は、3両で1ユニットという珍しい形になった。それは空調機を床下に下ろすためでもあった。

　床下の機器で大きいのは架線の2万5,000ボルトの交流を、適正な電圧に降圧する主変圧器、そして力率制御とVVVF制御のCIだ。通常はこれらの機器は同じ車両に搭載されている。しかし空調機を床下に置き換えた上で、主変圧器とCIを同じ車両に置くと、他の車両との軸重のバランスが崩れる。そこ

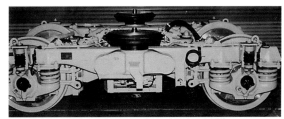

写真2-13　開発中の300系の台車（JR東海提供）

写真2-12 車軸の中心部が空洞の「中ぐり軸」

写真2-14　走行試験を重ねる300系J0編成の車内
　　　　　（JR東海提供）

写真2-15　走行試験を重ねる300系J0編成（JR東海提供）

写真2-16　様々な機器によりデータが集められた（JR東海提供）

写真2-17　300系J0編成車体側面（JR東海提供）

で3両のうち1両をT車にし、そこに主変圧器を置く。その両端にM車を配置した、3両1ユニット構成になった**（図2-11、図2-12）**。全体では新大阪寄りの1号車を独立したT車とし、残り15両が3両1ユニットの10M6Tとなった**（32ページ図2-13）**。

100系は12両で電動機が48個なのに対し、300系は40個だが1個の出力が300キロワットで当初の計算通り1万2000キロワットの出力を確保した。さらに

100系の電動機の830キロに対し、300系は390キロと、電動機そのものも小型化され、かつ数も減りここでも軽量化に大いに貢献した。

史上空前の「軽い車両」の概要は構想から約1年、1988(昭和63)年の年末には、車両メーカーに発注された。しかし、これだけでは時速270キロで走ることはできない。信号システム、架線、そして線路など、地上側の改良が不可欠だ。

図2-11　300系3両1ユニットの床下機器配置図（JR東海提供）

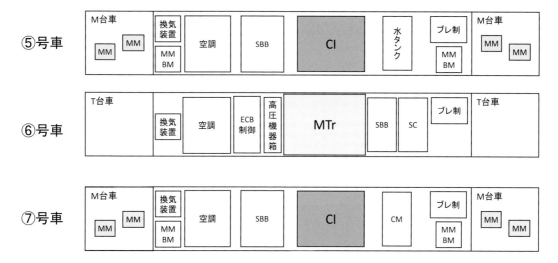

図2-12　N700Sの床下機器配置図（参考）（JR東海提供）

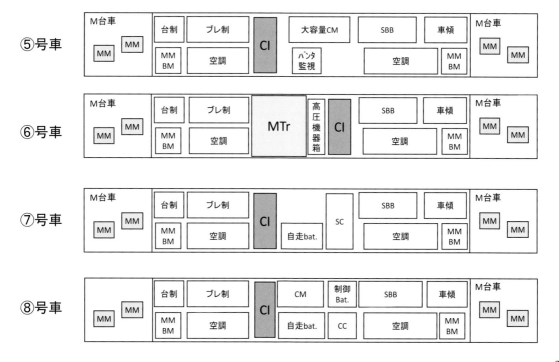

図2-13　300系、700系、N700系、N700Sのユニット構成図（JR東海提供）

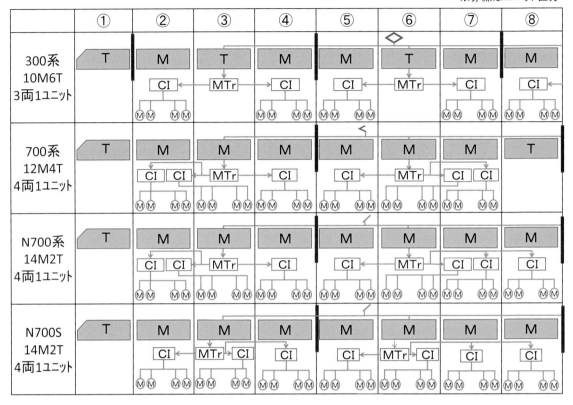

第三章

高速への挑戦を支える、地上設備

JR東海発足当初の東海道新幹線は開業から20年以上を経過していた。この中で、時速270キロを実現するためには、信号システム、架線系統、そして線路も、新しい技術の開発が求められていた。

■ 1　ATCの2周波化で高まる信頼性

「赤」「青」などを表示する信号機は、鉄道も道路も、見かけは似ているが、その意味するところは大きく異なる。道路の信号は「赤」なら止まれ、「青」なら進めと、その場の安全を表示しているだけだ。しかし鉄道はその先の線路の状況を示している。表示、専門的にいうと「現示」されている「色」によって、前の列車が自車より、どのくらい先にいるかが分かる。その基本は、駅と駅の間に列車を1本しか進入させないことだ。両端の駅に信号機を設置し、その間に他の列車がいないことを確認し、どちらか一方の信号だけを「青」にすれば、その間を走る列車は、安全に次の駅まで到達できる。しかし後続の列車は、前の列車が次の駅に着くまでは発車できない。駅間

の距離が長ければ、待たされる時間も長くなる。複線にして上下線を分けても、列車の本数は限られる。そこで駅間に複数の信号機を起き、信号と信号の間に1つの列車しか進入させないようにすれば、駅間で複数の列車の運行が可能になる。信号と信号の間を専門的には「閉そく」という。ある閉そく区間に列車がいるかいないかは、「軌道回路」というシステムで電気的に検知する。「赤」「青」「黄」の3灯式の信号機ならば（**写真3-1**）、その列車のすぐ後ろの信号は「赤」、その後ろは順に「黄」、「青」となる。運転士から見て目の前の信号が「青」ならば、少なくとも、その先の2つの閉そく区間には、列車がいないことが分かる（**図3-1**）。

新幹線も基本的な考え方は変わらない。しかし時速200キロ以上で走行中、運転士が前方の「赤」信号を確認してからブレーキをかけたのでは、間に合わない。このため自動列車制御装置（ATC＝オートマティック・トレイン・コントロール）が取り入れられている。

1964（昭和39）年の、東海道新幹線開業時から

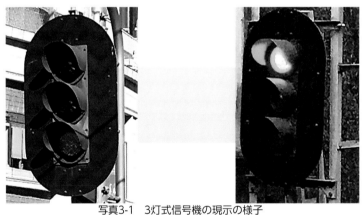

写真3-1　3灯式信号機の現示の様子

図3-1　閉そく区間の考え方

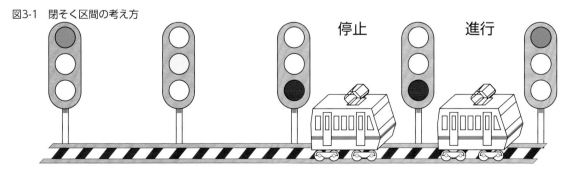

停止　　進行

列車の進行方向 ➡

稼働しているのが、通称アナログ方式と呼ばれるATCだ。その基本は、先行列車との間隔、及びその先の曲線など線路の条件に応じて、その列車の最高速度を、車内の運転台に現示する（**写真3-2、3-3**）。設定速度は時速270、255、230、170、120、70、30キロが基本だ。運転士は表示された速度以内であれば、到達時刻を考えながら、走行速度を調整するが、設定速度を超えた瞬間、専門的には「ATC信号にぶつかる」と言われる状態になると、自動的にブレーキがかかる。運転士はATCが現示する最高速度ギリギリで走るのは難しい。そこで通常は5キロほど遅い速度で運転する。最高速度時速270キロ化にあたり、この5キロが問題になった。

速度向上プロジェクトの幹事会が、正月返上で導き出した、2時間半列車の最高速度は時速270キロ、曲線通過時同250キロだが、営業車の運行速度は、それぞれ同265キロ、同245キロを想定していた。しかし、列車の運行を担当するグループがこの最高速度でダイヤを作成すると、東京〜新大阪間を2時間半で到達するのには、かなり無理があることが分かった。そこでATCの照査速度をそれぞれ同275キロ、同255と、5キロ引き上げた。これで営業時の最高速度は名実ともに時速270キロになった。

最高速度が引き上げられれば、地上から車両に送られる、ATCの信号も「230キロ」、「255キロ」、「270キロ」の信号が必要となる。さらにそれぞれの信号は周波数の違いで表示されるが、0系、100系の時は、1つの周波数のみだったが、2つの周波数の組み合わせで表示されるようになり、一層の信頼性を高めた。

アナログ方式のもう一つの課題は減速過程にある。ブレーキ性能が異なる車両が混在するとき、ATCの信号は、ブレーキ性能が低い車両に合わせて設定される。そのため性能の高い列車は、時間的に無駄が生じかねない。信号本来の目的を考えれば先行列車、もしくは駅までなどの距離を正しく認識して、列車の性能に応じて、必要かつ十分な位置から、適正なブレーキをかけることが望ましい。そこで2006（平成18）年から導入されたのが新ATCだ。

写真3-2　300系の運転席

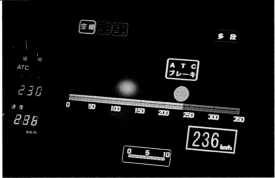

写真3-3　運転台に現示された最高速度

■ 2　デジタル化がもたらす、スムーズな減速

軌道回路で各列車の位置を検知するところまでは同じだ。これに加え各列車は、先頭車の車輪の回転数で、始発駅（起点）から走行距離を常に計算している。さらに、線路上、約1キロごとに地上子（トランスポンダ）を設置し（**写真3-4、写真3-5**）、車両側はこの信号で、車輪の滑走などで起こる誤差を常に修正している。地上側の設備では各列車の位置を検知し、それぞれの列車に、すぐ前を走る列車との距離を、連続的に送り続ける。車上のATC装置は、この情報に加え、記憶している軌道の曲線、勾配などのデータから、前の列車との適正な距離を保つために、「ブレーキ開始地点」を算出し、そこからの減速パターンを作成する。時間の経過とともに先行列車の位置も変化するので、情報が変わるたびに、新しいパターンを作成する。このため、自車が

どの位置にいるかは極めて重要だ。後で詳しく触れるが、N700系からは、滑走による距離計算の狂いを無くすため、先頭車の車輪には、通常時に限りブレーキをかけない。また、万が一、地上子の信号が受信できないなど、なんらかの不測の事態が発生し、距離の補正ができなくなった時は、自動的にブレー

写真3-4　東海道新幹線の地上子
（トランスポンダ）

写真3-5　線路上に設置された地上子（トランスポンダ）

キがかかり運転士に警告する。効率的でかつ安全な減速が可能になったことから、1つひとつの閉そく区間の距離も、従来の半分程度の最大1,200メートルまで短くなり、その分、列車本数も増やすことができるようになった。

新ATCは乗り心地の向上にも寄与している。旧ATCで速度を落とす場合、閉そく区間ごとに段階的に減速した。新しい閉そく区間に入るとブレーキがかかり、指定速度になるとブレーキを緩め惰行に、そして次の閉そくで、再びブレーキがかかる。この繰り返しは、特に比較的減速度が大きい低速時に車両が前後に揺れ、乗り心地にも影響する。

これに対し新ATCは停止点まで緩やかな曲線を描き、ブレーキはオン、オフを繰り返すことなく、かけ始めは弱く、徐々に強くする。停止直前ではこの逆の操作をすることで、乗客がブレーキを意識することも少なくなる（**図3-2**）。

ATCは安全の根幹だけに、故障した場合でも安全に止まらなくてはならない。そのため万が一のことを考え、システムは多重系だ。1系統に不具合があっても、即、別の系統が稼働し、運行に支障が出ることはない。車上装置の2つの系統のそれぞれを構成するハード、ソフトは別々のメーカーが担当している。メーカーを競わせることで、ATCシステムそのものの機能を進化させる目的もあるが、最も重要なのは、安全上の管理から、2系統のソフトウェアをまったく別物にするためだ。ハードを構成するメーカーもまた異なる。

後述する車体傾斜システムも、制御するコンピューターシステムは、やはり二重系になっている。この他、状態監視システムなど、車上装置でソフトウェアが導入されているところは、メーカーを複数にするか、1社の場合は、ソフトウェアの開発を、別々のグループが行うよう求めるなど、二重化へのこだわりは徹底している。

図3-2　ATCの運転曲線図（JR東海提供）

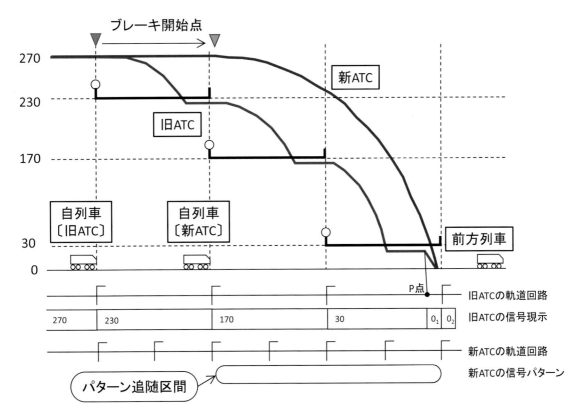

■ 3　電力の供給システムの改良で可能になった、特高圧引通し線

走る電車に電気を供給する仕組みはいくつかある、その中で新幹線が採用している、車両が通る線路の空間上に吊架線、補助吊架線、そしてトロリー線（電線）などで構成される、「架空電車線」が最も一般的だ。在来線は吊架線に、5メートル間隔で付くハンガー線が、パンタグラフと直接接する、トロリー線を吊り下げている方式が多い。

これに対し新幹線はパンタグラフが高速で接することで発生する、トロリー線の振動を抑えるために、吊架線とトロリー線の間に補助用吊架線を追加した、ヘビーコンパウンド方式が採用されている（**図3-3、写真3-6**）。しかし近年、コストの軽減から補助吊架線のない「ヘビーシンプル架線」（**図3-4、写真3-7**）に置き換わりつつある。

いずれの方式もトロリー線は一見、東京～新大阪

間が、1本でつながっているように見えるが、実は約1.5キロ長さで区切られ、両端部分は、線路脇に立つ電柱などに取付けられた、重りやダンパーなどで引っ張られている。トロリー線が切り替わるところを「オーバーラップ」という。2つのトロリー線が約100メートル並行し、パンタグラフはそれを次々と乗り換えていく。

トロリー線を流れる電気は、直流と交流に分けられる。在来線の多くは直流1,500ボルトだ。変電所から、き電線という太い電線を通じトロリー線へ電気を流す。電気はトロリー線と接触するパンタグラフを通じて電車に取り込まれ、電動機を回し、その後レールを通じて変電所へ戻る。

交流は在来線が2万ボルト、新幹線が2万5,000ボルトだ。そのうち東海道新幹線は、電力会社から送られてきた電気を、沿線に約20キロ間隔で設置されている、JR東海の変電所で単相2万5,000ボルトに変換し、架線に供給している。また、日本は電力会社

写真3-6　ヘビーコンパウンド架線（JR東海提供）

図3-3　ヘビーコンパウンド架線図（JR東海提供）

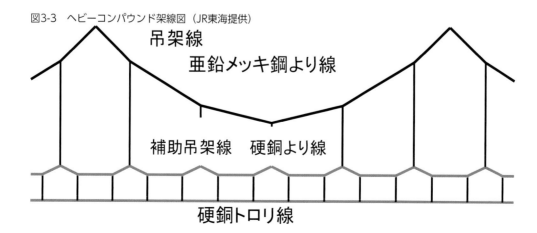

吊架線
亜鉛メッキ鋼より線

補助吊架線　硬銅より線

硬銅トロリ線

から供給される電気は、富士川を境に東が50ヘルツ、西が60ヘルツだが、東海道新幹線は全線が60ヘルツで統一されている。

　トロリー線に接するパンタグラフの空力音が、「騒音」になることはすでに書いた。そのため300系は、「特高圧引通し線」、別名「ブス（BUS=母線）引通し線」で、その数を「2」にまで減らし、離線に伴う、アーク放電音の軽減にも成功している。それは300系以降で、架線への電気の供給方法が変わったからだ。

　交流は電圧が高いため、電気は変電所から直接、トロリー線に流される。しかし交流電源は周期的に磁力を発生し、列車無線などに雑音（ノイズ）を発生させる。さらに、そのままレールを通じて変電所へ戻すと、大地への漏れ電流などで、沿線にある通信回線や、電子機器などにも誘導障害を引き起こす。このため東海道新幹線は開業時から、「吸上変圧き電（BTき電）方式」を採用した。電気を変電所に

戻すためにトロリー線の近くに、新たに「負き電線」を張りレールと接続する。同時に3キロ間隔で吸い上げ変圧器（ブースタートランス＝BT）を置き、変圧器の1次側にトロリー線、2次側に負き電線をそれぞれ接続する。変圧器の1次側に電気が流れると、2次側にも流れようとするため、レールを流れている変電所に帰る電気は、負き電線に吸い上げられる。負き電線をトロリー線の近くに張れば、お互いの磁力が相殺され、周囲に悪影響を与えずに済む。

　しかし同方式は問題も多い。トロリー線がBT変圧器に接続されている区間をパンタグラフが通過すると、アーク放電が発生することもある。このため東海道新幹線では「抵抗セクション方式」という複雑な方式を採用したため、保守が困難という問題もあった。さらに300系のように「特高圧引通し線」を施した編成は、それぞれのパンタグラフが、別々のセクションにさしかかると、回路が短絡し電気機器の故障に結びつく。このため母線の引通しができ

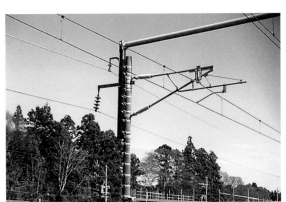

写真3-7　ヘビーシンプル架線　（JR東海提供）

図3-4　ヘビーシンプル架線図　（JR東海提供）

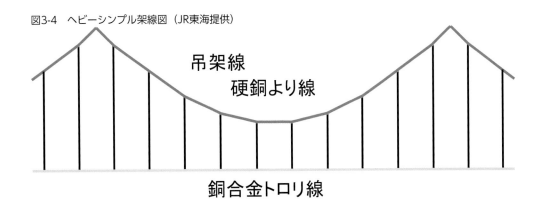

吊架線

硬銅より線

銅合金トロリ線

ず、0系はパンタグラフの数を減らせなかった。

　この問題を解決したのが、「単巻変圧器（AT）交流き電方式」だ。通常トランスは巻線が2つあるが「オートトランス（AT）」は巻線が1つしかない。トロリー線と平行に、負き電線に代わるATき電線を張る。両線の間にATを接続し、レールから帰る電気を、ATき電線とトロリー線それぞれに流す。これでトロリー線とATき電線に逆向きの電気が流れ、互いに磁力を相殺する。また、ATをトロリー線上ではなく、変電所に設けることで、BTセクションもなくなりアーク問題も解消された。1984（昭和59）年から東海道新幹線全線で進められていた、AT方式への工事が完了し、300系は営業運転開始時から「引通し線」が使えるようになった **（写真3-8、3-9）**。

■ 4　波状摩耗は、思い切った全取っ替えで

　パンタグラフは集電時に架線を押し上げ、通過すれば下がる。これが波となって、トロリー線上を、前へ前へと逃げるように伝わっていく。この波の速さを専門的には「波動伝播速度」という。列車の走行速度がこれに近づくと、揺れるトロリー線を追いかけるかたちとなり、離線の原因ともなる。このため架線の伝播速度は、列車の速度より上げる必要がある。その解決策はトロリー線を引っ張る力を強くするか、トロリー線の単位あたりの重さを軽くする。

要は細くて軽い線をなるべく、ぴんと張った方が伝播速度も速くなり、問題の解決につながる。東海道新幹線も最高速度が時速270キロに引き上げられたのに伴い、時速250キロを超える区間では、引っ張る力をこれまでの1.5トンから、2.0トンに引き上げている。しかし東海道新幹線には別の問題もあった。トロリー線の波状摩耗だ。

　世界で初めて、営業時の最高速度が時速200キロを超す新幹線は、開業前には不明なことも多かった。その1つがトロリー線の摩耗だ。実際に営業運転をはじめてみると、一定の間隔で連続的に摩耗が発生する「波状摩耗」が起こり、それに伴うアーク放電音が問題になった。そこでトロリー線の摩耗状態を連続して測定できる装置を開発。当初はトロリー線にローラーを押し当てる方式だったが、後にレーザー光線の反射を捉える非接触式を導入し、走行中の集電状況を調べた。その結果、パンタグラフ側に解決策があることが分かってきた。

　国鉄時代から波状摩耗に対する研究は、進められていた。東海道新幹線や、東北新幹線で行われた調査測定で、東北新幹線の仙台以北では、波状摩耗がほとんど発生していないことが分かった。この原因としてすり板の幅が考えられた。パンタグラフの最上部には、線路と直角に1〜2枚の板状のものが付く。集電舟と呼ばれ、この舟の中央部分に取付けられているのが「すり板」だ。常時架線と接し、電車に電

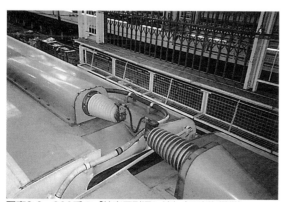

写真3-8　300系の「特高圧引通し線」（JR東海提供）

写真3-9　特高圧引通し線の直線ジョイント作業
　　　　（JR東海提供）

気を送り込む。その幅は、東海道新幹線や、東北新幹線の仙台以南を走る車両が25ミリなのに対し、仙台以北へ乗り入れる車両は、高速対応のため、40ミリだった。

　鉄道の技術的問題のほとんどは試験列車等で確認できる。しかし架線の摩耗とすり板の関係は、営業列車が行き交う中、試験的に幅の異なるすり板をつけた列車を、1本走らせただけでは分からない。大多数の列車が、試作したすり板を搭載して、一定期間走行することではじめてその効果が見極められる。そこで民営化後、JR東海が所有する全編成の、すり板を一気に交換するという、思い切った試験を行うことになった。

　1989（平成元）年の夏頃から、JR東海は、新幹線を保有する、東日本旅客鉄道（JR東日本）、西日本旅客鉄道（JR西日本）、そしてJR総研と検討を重ねた。その後、社内の電気と車両それぞれの部門の担当者と、具体的な方法を検討。予備試験や材料の準備に8カ月間をかけ、その後1990（平成2）年4月から60日間をかけて、所有する全編成のすべてのパンタグラフのすり板を25ミリから40ミリに交換した（**写真3-10、3-11**）。この結果、2カ月後には波状摩耗が減少しはじめ、10カ月後には3分の1となり、すり板の幅と波状摩耗の因果関係が明らかになった。

　架線とパンタグラフのすり板の進化が、空力音と、アーク放電音という2つの騒音を大きく削減した。

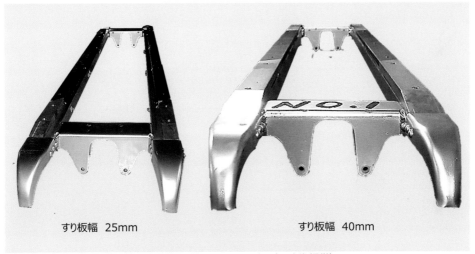

すり板幅　25mm　　　すり板幅　40mm

写真3-10　25ミリのすり板と交換された40ミリのすり板（JR東海提供）

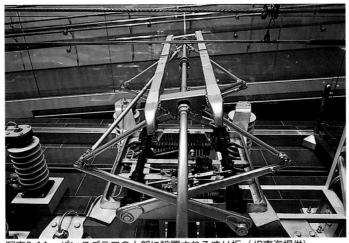

写真3-11　パンタグラフの上部に設置されるすり板（JR東海提供）

■5 乗り心地を考慮した軌道管理

電車などが走行する「線路」は、地ならしした路盤の上に、道床、まくらぎ、レールが載る。その構造は大きく二つに分かれる。「スラブ軌道」と「バラスト軌道」だ。

スラブ軌道は、道床とまくらぎを、コンクリートで一体化した構造で、新幹線は東北・上越以降、ほとんどの区間で採用されている（**写真3-12**）。これに対し、東海道新幹線は「バラスト軌道」だ（**写真3-13**）。道床に、花崗岩、安山岩、玄武岩などの砕石（バラスト）を使うことからこの名前がある。砕石の空間が、列車の荷重を路盤に均一に分布し、軌道に弾性を与えることで、乗り心地を確保し、振動や騒音を和らげるなどの特徴がある。その半面、定期的な保守も欠かせない。マルチプルタイタンパー（マルタイ）とよばれる、専用の車両に内蔵する機械がレールをつかみ、ミリ単位で持ち上げ、爪のような「ツー

写真3-12　スラブ軌道

写真3-13　バラスト軌道

ル」とよばれる部分が、まくらぎ下に砕石を入れ、所定の高さに線路を戻す（**写真3-14、3-15**）。

　線路は車両を支えているだけに、その重さ、速度で受ける負荷は変わる。重い列車が速く走れば、その分線路は傷む。言い換えれば、同じ高速でも軸重の軽い車両が走れば、線路への負荷を軽くすることができる。300系の軽量化は、沿線への振動、騒音対策はもとより、開通から20年余を経過した、東海道新幹線の線路を敷き直すなど、大幅な改修工事を避け、そのまま使うためでもある。試験結果からも「重い」0系や、100系の、時速220キロ時に線路に与える振動と、軸重11.3トンの300系が時速270キロで走る時のそれは、ほぼ変わらないことが明らかに

なった。残るはカントの改良だった。

　カントの修正にも、このマルタイが出動する。東海道新幹線の最小半径の曲線、R2500は上下線で約130キロメートルある。現場では、マルタイがレールをつかみ、20ミリ持ち上げ、その下に砕石を詰めていく。当然のことながら作業は、終電後の限られた時間にしかできない。それでも1989（平成元年）から、本格的に高速試験を開始した米原〜京都間を手始めに、300系の営業運転開始に合わせ着実に進められた。

　カントの改良に加え、時速270キロ運転は、さらなる乗り心地の改良を求めて、新たな軌道管理が必要になった。レールは列車の走行で上下左右に、わ

写真3-14　マルチプルタイタンパー（300系デビュー時）
　　　　（JR東海提供）

写真3-15　現行マルチプルタイタンパー（平成28年〜）
　　　　（JR東海提供）

ずかながらも変位が生じる。その値は、レールに物差しを当ててすき間を測れば分かる。この場合、長い物差しを当てれば、より乗り心地と関係性の高いレールの変位を測ることができる。実際に物差しを当てるわけではないが、300系以前は、10メートル相当の物差しを当てるのと同じ、専門的には「10m弦軌道整備」という方法で測定していた。しかし、0系、100系が最高速度を時速220キロに高めると同時に、乗客から「揺れる」との苦情が多くなった。そこで、物差しを40メートルの長さに伸ばす「40m弦軌道整備」で、より乗り心地と関係性の高い線路の変位を測定し修正する軌道管理に切り替えた（図

3-5）。同時に「乗り心地を考慮した軌道管理手法」を導入。一口に揺れといっても、ゆりかごや、ロッキングチェアが存在するように、人間が快適に感じるものと、逆に不快に感じるものに大別できる。そこで、一般的に身体に感じやすい、不快と感じる周波数の振動を抑えることを主眼にした、保線業務に切り替えることで、乗り心地は向上した。

　新しいATCシステム、パンタグラフの削減に貢献する架線システム、そして高速化に耐えうる軌道、すべてが整った。あとは本格的な走行試験を待つばかりだ。

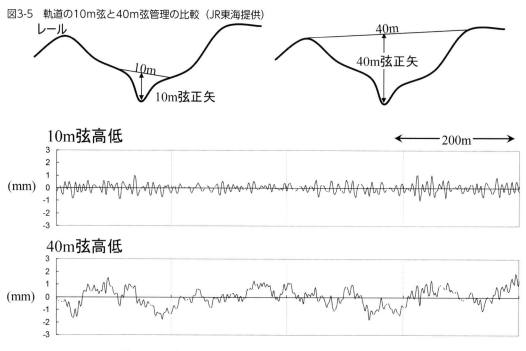

図3-5　軌道の10m弦と40m弦管理の比較（JR東海提供）

10m弦と40m弦で同じ軌道を測定した結果。その違いが波形に表れる

第四章

時速30キロからはじまる、未知との遭遇

昼間の喧噪も去り、つかの間の静けさを取り戻した深夜の東京駅。早春の冷たい空気を裂くように、真新しい16両編成の車両がゆっくりと入線してくる。「2時間半列車」のプロジェクトが発足してから2年余の1990（平成2）年3月8日、その答えである300系の試験編成（J0）がこの日初めて本線上を走行する。

■ 1　はたして、この軽い車両が動くのか!?

J0の試運転を前に、それぞれの担当者はその開発の過程で、手応えを感じてはいた。それでも、本線上の初の試運転は、ようやく、最高速度時速270キロの車両を完成させ、東海道新幹線の新しい時代を開くときが来た、という達成感と、「こんな軽い車両が本当に動くのか、この先どのような課題が待ち受けているのか」、との不安感が交錯する中で、この日を迎えた（**写真4-1、4-2、4-3**）。

そんな複雑な思いを乗せた初日の目的地は、新横浜までの往復だった。最高速度時速30キロという静けさの中で全員が、新たな車両の動きをじっと見守る「試運転」になった。

国鉄に限らず民鉄なども、新しい車両を製作する場合、まず短い編成を作り、試験を繰り返した上で、営業車と同じ編成数の車両を作ることも多い。しかしJ0は最初から営業車と同じ16両編成だ。これは営業車と同じ編成でなければ分からないことが多々あ

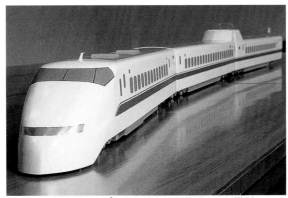

写真4-1　300系スーパーひかりとして公開された模型
　　　　（JR東海提供）

写真4-2　東京第二車両所で公開された300系試験編成（J0）
　　　　（JR東海提供）

写真4-3　100系と並ぶ300系J0編成。
　　　　先頭形状の違いがよくわかる。（JR東海提供）

るからだ。振動と騒音に代表される環境問題は解決したのか、新幹線初の回生ブレーキは果たして有効なのか。制動時の粘着が、先頭車と中間車両でどう異なるのか。先頭車に多い滑走だが、では何両目までが滑るのか、先頭形状が最後尾の車両にどう影響するのか、パンタグラフの位置と数、その重量は、など、すべて16両編成での試験でなければ、求める答は見いだせない。これは先の話になるが、これ以降、2020年に営業運転を開始したN700Sまで、歴代の車両はすべて先行試作車の段階から、16両編成で製作されている。

　これに関連するが、新たな車両を開発する段階で、不明な点は必ず実車を使った実証試験が行われている。300系の開発段階でも、軽軸重編成、乗り心地、応荷重装置など、いずれも0系を使った検証のほか、ボルスタレス台車も本線上を走らせ、パンタグラフのすり板は全ての営業車で、試験を繰り返した。また、これから述べる地震時の停電検知も、実際に本線上に2本の電車を走らせ、その効果を確かめた。机上のシミュレーションや、模型などだけに頼らず、実車での試験が、時速270キロ化への道を支えてきた。

　「処女航海」を無事終えたJ0がこれから270キロに向け、本格的な試験走行をはじめようという矢先の同年4月13日、JR東海は大きな決断をする。国鉄時代、車両の設計は設計事務所が担当し、完成後の性能などの評価は国鉄の鉄道技術研究所が行っていた。分割・民営化後もJR各社は、設計は自社で行い、試験走行時の各種データの計測、分析などは、JR総研が担ってきた。300系も開発段階からその流れに沿って、設計はJR東海で、測定、解析はJR総研で進められてきた。しかしJR東海はそれを覆し、基本としてすべて自前で測定する方式に切り替えることにした。それは結果的には、後の700系からN700Sの開発に向けた、技術力の蓄積に大いに役立った。しかしJ0の車内はまさに「青天の霹靂」で、時速30キロから開始された試験走行は、同時に測定の練習開始でもあった（**写真4-4，4-5**）。

　本格的な走行試験はこの決定後からはじまった。車内は先頭車が受ける空気圧、走り装置の電動機、ブレーキシステムなどの「油圧」、「電流」、「電圧」、「歪み」、さらには機器の温度上昇の検知など、それぞれに対応するセンサーが、千の単位の数で取付けられ、場所がなくなるほどだった。そのすべてを、JR東海の各担当者が自身で計測する。

　当初は営業運転が終了した深夜に、東京～小田原、米原～京都間で、速度も徐々に70キロ、170キロと上げていき、220キロまでの試験が続けられた。当然のごとく問題も発生した。まず先頭車のうち、M

写真4-4　数多くの計測機器が設置された300系J0編成車内
　　　　　（JR東海提供）

写真4-5　車内に設置された機器の数や、コードの長さが、測定する数値の多さを示している（JR東海提供）

車の16号車の電動機が発する雑音（ノイズ）が、ATCで許容されるレベルを上回ってしまった。

　VVVF制御は主変換装置（CI）で変換された交流が、電動機を駆動する。しかし300系のGTOサイリスタ素子で変換された、交流の正弦波の波形には、多少の乱れがある。これが原因で電動機からノイズが発生する。これがATCの信号受信を妨げる。ATCは、正しい信号を受信出来なければ、安全上（フェイルセイフ）の観点から列車を止めてしまう。後の300系の量産車では、電動機にカバーを、ATCシステムの配線にシールドカバーをそれぞれ付け、さらにATCが信号を受ける機器の位置を変えるなど改良を重ねた。J0はとりあえず、16号車の電動機の稼働を止め、9M6Tで試験走行を続けることになった（**写真4-6、4-7**）。

■ **2　停電検知ができず、止まらない列車**

　次が回生ブレーキの停電検知だった。東海道新幹線は被害が想定されるような、大きな地震が発生すると、変電所が送電を停止。全線を走行中の各列車は、架線の停電を検知し緊急停止する。しかし緊急停止するために回生ブレーキを使えば、そこから供給される電気で、別の列車が走り続けるのではないか。停電は検知できるのか。これを確認するためある日の深夜、ある区間で、J0と100系を同時に走行させ、いきなり変電所からの送電を停止させた。その時、J0の回生ブレーキで発電した電気が、100系をどの程度走行させるのか。当初、担当者は「理論上100系は、走行はするが、実際はほんの一瞬だろう」と思っていた。しかし試験結果に驚愕する。30

秒近くも100系は走り続けた。これでは地震発生後、コンマ何秒後かに全列車を停止させる、「停電検知」は意味を成さない。しかし回生ブレーキは300系の技術の目玉でもあり、電気ブレーキの抵抗器の削減と、省エネの意味からも、使わないわけにはいかない。そこから試行錯誤がはじまった。

　回生ブレーキで発電した電気を架線に戻している車を回生車と呼ぶ。回生車は電気ブレーキで発電した電気を、架線と同じ周波数の60ヘルツに整えてから戻す。それを停電検知のために、0.08ヘルツ低い周波数で架線に戻す。それでも変電所が稼働している通常時ならば、変電所から送り出される電気の方が強いから、59.92ヘルツは60ヘルツに戻されてしまう。しかし変電所が停電していれば、架線は59.92ヘルツのままだ。次に回生車はこれを基準にさらに0.08ヘルツ低い周波数で電気を戻す。これを繰り返すと約200ms（1秒の200分の1）後には、架線の周波数は59ヘルツまで落ちる。この時点で回生車は「変電所が停電した」と判断し、回生ブレーキを停止し、機械ブレーキで緊急停止する。

　窮余の一策ともいえる「停電検知」だが、J0の試験走行は、その答が出るまで待ってはいられなかった。そこで昼間の試験走行中は、回生ブレーキを使用せず、電気ブレーキはT車の渦電流ブレーキ（ECB）のみ、そのほかはすべて、機械ブレーキだけで試験を継続した。これが思わぬ結果を招くことになった。

　300系の設計と並行して、ディスクブレーキのライニングが開発されたことは、すでに書いた。しかしJ0の試験走行には間に合わなかった。そこで国鉄時代から100系で使われていたライニングを装着し

写真4-6　走行試験を続けるJ0編成
　　　　（速度向上試験時、新大阪駅）

写真4-7　集電装置など様々な機器の試験走行が実施された
　　　　（速度向上試験時）

ていた。ところが機械ブレーキのみで使用頻度が上がったこともあり、試験を繰り返すたびに摩擦係数が低下し、ブレーキ距離が延びてきた。ライニングの摩擦材がディスク側に付着したのが原因だが、このままでは試験は続けられない。そこで急きょ、開発中ではあったが、ほぼ完成していた新型ライニングを装着。この試みが見事に成功、結果的にはその後、N700系まで、日本全国の新幹線の標準的ライニングとして使われることになる。

■3　300キロ以上とは、空気密度も影響する世界

　次は騒音問題だ。新幹線にはじめて使用されたVVVF制御は、軽量化、省エネなど、そのもたらす効果は計り知れないが、同時に思わぬ車内騒音も発生させることに。まず主変圧器から「ジージー」いう耳障りな音が。これは「磁歪（じわい）音」ともいい、主変圧器の中で、架線からの電気が流れる、1次側のコイルの振動が原因だ。身近なところでは電柱の上に取付けられている変圧器からも聞こえることがある。異音はこれだけではない。

　電動機のノイズがATCシステムに影響を与えることは、すでに書いたが、同時に騒音も発生させた。時速180キロから220キロ前後での「ビート音」だ。これら予期せぬ騒音は技術陣を困惑させたが、量産車の段階で、床下に鉄板を敷き、ビート音の制御の精度を上げることなどをして解決した。ちなみに700系以降はCIのスイッチング速度を引き上げるなど、システムを見直すことで、不快な音から解放された。

　J0の試験走行は目の前の課題を克服しつつ、徐々に速度を上げていった。それはまさに「未知との遭遇」の連続でもあった。VVVF制御、ボルスタレス台車など、新幹線に初めて採用されたシステム、機器もある。それぞれは開発段階から製造工程を経る中で、個々のシステムとしては徹底的に課題を洗い出し、完璧な形で車両に組み込んでいる。しかしそれが、編成として組み上がった時に、思わぬことが起きることは十分考えられる。ここで問題になるのはトラブルが起きることではなく、試験走行で起きたトラブルの原因を極め、適切な対策を施せるかだ。未知の世界から生まれてくる課題の1つひとつに対処し、解決していく。この繰り返しの中でJ0が、東京～新大阪間を最高速度時速220キロと、少なくとも、営業中の0系、100系と同じ速度で走れることが確かめられると、昼間のダイヤの中に組み込まれ試験は続けられた。

　6月に入るといよいよ、最高速度を時速270キロまで上げていく。ここでの安定的な性能が確認できれば、試験も最終段階に入る。営業時の最高速度が時速270キロとはいえ、常時時速270キロで運転するには、それ以上の「余力」が求められる。J0はどこまで速度を上げられるのか。試験計画は2段階で行われた。まず編成のシステムはそのままに、時速300キロ以上に挑戦した。ある程度目途がたったところで、電動機と車輪を結ぶ歯車装置のギヤ比と、CI制御のソフトウェアを変更し限界に挑んだ（**写真4-8、4-9**）。

　1991（平成3）年2月28日、時速325.7キロ、当時としては営業列車の、世界最高速度を記録した。そ

写真4-8　速度向上試験中の車内

写真4-9　1991（平成3）年2月28日、時速325.7キロを達成
（JR東海提供）

の後も、走行抵抗、主回路の効率、乗車人員等をいろいろ変更し、限界速度に何度も挑戦したが、事前のシミュレーションで想定される最高速度と、実際に走行時の速度が合わないことがあった。さらに電動機の出力が同じなのに、今日は時速310キロ出たが、次の日は時速305キロしか出ないことも。この謎の答は空気密度だった。最高速度への挑戦が11月から2月にかけての冬季に行われていたため、外気温度が低く、かつ日によってその温度もかなり上下していた。空気密度が気温によって変わる影響を、走行抵抗として計算し直すと、事前の計算と試験結果は見事に一致した。改めて「時速300キロ以上とは、空気密度が影響する世界なんだ」と実感させられた一幕だった。

その後、同年7月からJ0は長期耐久試験に入る。東海道新幹線は6時から24時まで、ほぼすき間無く、最高時速220キロの「ひかり」を中心にダイヤが組まれている。その間に1編成とはいえ、最高速度時速270キロで走るJ0を、ダイヤに組み込むのには無理がある。勢い、夜間の時間を使わざるを得ない。想定される「2時間半」で、東京～新大阪間を往復すれば単純計算で5時間。担当者にとって、昼と夜が入れ替わった生活が続く。さらに早朝に試験走行が終了した後、始発電車が動くまで、J0車内で仮眠をとったことも。まさに人間も耐久試験を受けているともいえる中、J0が走った距離は地球6周分以上の、27万キロにも及んだ（**写真4-10〜写真4-14**）。

耐久試験と並行して「2時間半列車」の愛称をど

写真4-10　長期耐久走行試験中のJ0編成
　　　　　（東京駅入線）

写真4-11　長期耐久走行試験中の車内。
　　　　　8号車主変換装置（コンバータ）の文字が見える

写真4-12　夜間ホームに停車中のJ0編成。その走行距離は
　　　　　地球6周分以上の、27万キロに及んだ

写真4-13　ATC信号270が現示される運転台

写真4-14　東京駅に停車中のJ0編成。後ろには0系の姿も見える

写真4-15 1992（平成4）年3月14日、東京〜新大阪間を2時間30分で結ぶ「のぞみ」がデビューした。（JR東海提供）

うするのか。同年7月から社内での検討委員会が開かれた。まず、基本的な考え方として「21世紀をにらんだ未来指向性があり、夢を与え、日本を代表する列車として相応しいもの」として、動物、鳥、花、果物の名前など、50以上の分野の約2,700通りの案を洗い出した。この中から社内委員会やその道の専門家、一般モニターなどの意見で20案程度に絞り込み、「きぼう」「たいよう」「みらい」「つばめ」「エース」の5つが残った。その中から「きぼう」「たいよう」が有力候補となった。しかし「きぼう」は国鉄時代の修学旅行列車に使われていたことなどから、「きぼう」の和語、「のぞみ」が選ばれた。

1992（平成4）年3月14日午前6時、東京駅と新大阪駅から「のぞみ」が営業運転を開始する。その2カ月後、製造時のミスで電動機の取り付けボルトが抜け落ち、緊急ブレーキが作動し、約5時間立ち往生するなど、いくつかの「初期故障」に見舞われる

ものの、それをも糧として改良が進められた。量産車は営業に投入される前に、8,000キロ以上の確認走行を行うことで、製造時に由来する初期故障の大部分が解決できることも分かった。その後、現在にいたるまで、この確認走行は、すべての新造車両で当たり前のごとく続けられている。

当初は1日2本、始発と最終だけの運行だったが、「2時間半」の価値は徐々に乗客に浸透し、2年後には、1時間に1本とその本数を増やしていった。同時に300系の、車両としての課題も見えてきた。軽量化で沿線への振動、騒音は達成できたが、その半面、2年余という短期間の開発は、トンネル内の乗り心地や車内騒音などの課題を残したことは否めない。300系の完成は同時に、さらなる挑戦への出発点でもあった（**写真4-15〜写真4-22**）。

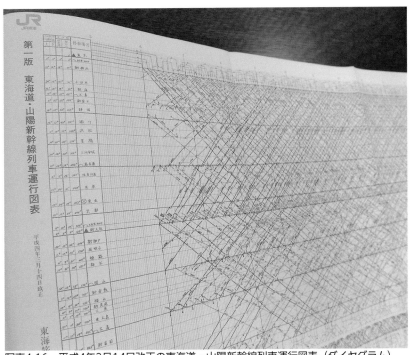

写真4-16　平成4年3月14日改正の東海道・山陽新幹線列車運行図表（ダイヤグラム）

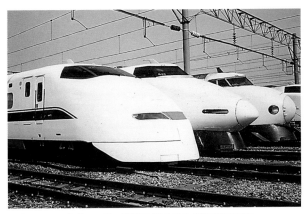

写真4-17　デビュー前に報道公開された300系量産車。
　　　　　先頭車下部のふくらみがなくなっている。
　　　　　（JR東海提供）

写真4-18　0系、100系と並ぶ300系量産車。
　　　　　先頭形状の変遷がわかる。（JR東海提供）

写真4-19　「のぞみ」は登場から2年後には、1時間に1本と
その本数を増やしていった（JR東海提供）

写真4-20　2年余という短期間の開発は、課題を残したことは否めない。
300系の完成は同時に、さらなる挑戦への出発点でもあった

写真4-21　米原駅を通過する300系。雪との闘いも乗り越えていった

写真4-22　東海道新幹線総合事故復旧訓練で
連結器を設置

第五章

700系からN700Sまで

次なる挑戦は300系の開発途中からすでにはじまっていた。1990（平成2）年から計画された、高速試験車両「300X（955形）」だ。高速鉄道システムの究極を求め、走行安定性、乗り心地、環境、騒音、空力抵抗など、営業を前提とした車両では、極めるのが困難な課題をも解明すべく、車両、軌道、電気、信号、運行管理などの技術者が集まり、試作された車両には設計段階から、特殊な仕様が施されていた。

■ 1　粘着方式の、課題と限界を求めて

300XはJR東海としては、はじめての試験専用車両で、すべてが電動車の6両編成、出力は最大1万2,000キロワットだ。それぞれの車体は4種類の新しい工法を取り入れて製造された。両先頭車の形状は、営業車ではあまり例がないが、両端で異なる。片方は300系より、走行時の騒音や抵抗のさらなる低減を求め、風洞実験を繰り返した末に「ラウンドウェッジ」という形状を開発した**（57ページ写真5-1）**。もう一方は、当時、急速な進歩をみせた、コンピューターによる流体力学的解析を活用し、「カスプ」という斬新な形状が生み出された**（57ページ写真5-2）**。ちなみに「ラウンドウェッジ」は、JR東海の「リニア・鉄道館」（名古屋市）で、「カスプ」はJR総研の風洞技術センター（滋賀県米原市）で、それぞれ現物を見ることができる。

走行試験は、1995（平成7）年から7年間にわたって行われた。夜間、営業線の一部を使い、7年間で約600日、そのうちの約200日は、最高速度が時速350キロ以上という、まさに「高速」を極める試験だった**（写真5-3 〜 5-5）**。その過程で1996（平成8）年、レール上を走る粘着式鉄道としては、国内最高の時速443キロを記録している**（写真5-6）**。

試験は前半と後半で大きく分かれた。当初は時速350キロ以上の高速領域で、粘着方式の鉄道が持つ課題と限界の解明を進めて行った。443キロはR5000と、同3000に挟まれた区間で記録。これは、技術的には東海道新幹線でも、時速300キロ以上の営業運転は可能であるという検証にもなった。

後半は環境対策や乗り心地など、300系以降の営業車に反映させるための試験を重点的に行った。各種、パンタグラフとカバーの組み合わせ、車両のつなぎ目の騒音を軽減するための全周ホロ、曲線通過

のための車体傾斜装置、さらには新しいATCシステムなど、一連の取り組みで得られた成果は、その後の700系からN700Sまで脈々と引き継がれている。

写真5-3　走行試験を重ねる300X　新大阪駅

写真5-4　パンタグラフカバーなど様々な試験が実施された

写真5-5　ATC信号450を現示する運転台

写真5-6　1996（平成8）年に時速443キロを記録したことを表すエンブレム。車体側面に掲出されている

写真5-1　300X ラウンドウェッジ形先頭車（リニア・鉄道館）

写真5-2　300X カスプ形先頭車（写真左、JR総研 風洞技術センター）

300Xが高速域の限界に挑戦する一方で、乗り心地の極みを探る開発も続けられた。1992（平成4）年から運転を開始した「のぞみ」は、当初は朝晩のみの2往復だったが、翌年からは1時間1本となり、東京〜博多間の直通運転も開始した。同時に300系の高速域での課題が、より明確になってきた。中でも乗り心地の改良や、車内騒音の低減など、移動空間としてのさらなる質的改良が、求められるようになってきた。そこで開発されたのが700系だ（**写真5-7、写真5-8**）。1999（平成11）年に営業運転を開始した700系は、山陽区間での最高速度を時速285キロに向上した。その影で同じ年の秋、0系の東海道新幹線の運用が終了した（**写真5-9**）。

2003（平成15）年には100系も東海道から姿を消す（**写真5-10**）。さらに、同年の品川駅開業にあわせ、東京〜新大阪間の全列車の営業最高速度が、時速270キロに統一された（**写真5-11**）。

2006（平成18）年には、すでに書いた新（デジタル）ATCが導入され、その翌年、N700系が登場し、車体傾斜システムが取り入れられた（**写真5-12、写真5-13**）。これで懸案のR2500の曲線通過速度が時速250キロから、同270キロになり、東京〜新大阪間は最短、2時間25分で結ばれた。同時に、山陽新幹線では時速300キロ運転を開始している。

2013（平成25）年になると、より強いブレーキ力で、地震時などの停止距離を20％ほど短縮するなど、いくつかの新技術を盛込んだN700Aが登場（**写真5-14、写真5-15**）。N700系車両にも同様の技術が付加

され、2015（平成27）年には東海道区間の最高速度が、時速285キロに引き上げられた。そして2020（令和2）年7月、N700Sが営業運転を開始する（**写真5-16、写真5-17**）。300系の開発開始から30年余、N700系から13年振りのフルモデルチェンジだ。開業時の0系、100系を第1世代とすれば、300系以降が第2世代となる。

700系以降、20年余の間に、次々と投入された新しい車両だが、車体塗装は開業以来の、白地に青を踏襲している。2020年3月末で、JR東海の所有する134編成は、すべて16両編成の1階建て。各号車の扉の位置は同じで、客席配置も普通車は1列5人掛けの、総座席数は1323。先頭形状もさまざまな制約を受け、その形を変えながらも、乗車定員はすべて同じだ。これは効率的な運用を確保するためで、どの編成でも「のぞみ」「ひかり」「こだま」の運用ができる。

このため最新のN700Sに乗車する機会があっても、その違いに気がつかない乗客は多い。しかし、それぞれを比べてみると、微妙に変化している先頭形状（**61ページ図5-1**）、さらには、乗客の目に触れることは無いが、大幅に改良された、駆動システムとブレーキ、そして曲線通過速度を時速270キロにまで引き上げ、かつ乗り心地を向上させる、その時々の最新の要素技術が次々と取り入れら、その蓄積がN700Sの「最高」を育んだともいえる。

写真5-8　700系車体側面のロゴマーク

写真5-7　乗り心地の改良や車内騒音の低減など、
　　　　　移動空間としての質的改良を図った700系

写真5-9　1999（平成11）年秋には開業以来の0系が、東海道新幹線での運用を終了した

写真5-10　2003（平成15）年には100系が東海道新幹線での運用を終了した

写真5-11　2003（平成15）年の品川駅開業に伴い、東海道新幹線の営業最高速度が時速270キロに統一された

写真5-12　N700系車体側面のロゴマーク

写真5-13　N700系の登場により、東京〜新大阪間は最短2時間25分となった

写真5-14　N700Aの登場により東海道新幹線の最高速度は時速285キロとなった

写真5-15　N700A車体側面のロゴマーク

写真5-16　N700Sの車体側面には、最高の新幹線車両を意味する "Supreme（スプリーム「最高の」）" を掲出

写真5-17　2020（令和2）年7月、300系の開発から30余年、N700Sが運転を開始

■2 「トンネルどん」から生まれた、滑らかに空を飛ぶ姿

　先頭形状からみていこう。300系に比べると700系以降のその形は大きく変わった。トンネル微気圧波、いわゆる「トンネルどん」と呼ばれる現象により深く対処するためだ。車両が高速でトンネルに進入すると、トンネル内の空気が圧縮され、反対側の出口に押し出される。その時、大きな音を出す。当初はトンネルの出口の断面積を、ラッパ状に広くする緩衝口をつけ、押し出された空気を徐々に広げることで、防いできた。

　700系の先頭形状は、いくつかのモデルを製作し、それぞれをCTスキャンのように輪切りにし、各断面積の風圧や風の流れを解析。その結果に基づいて、ある部分は削り、ある部分は肉を盛り、再度、風洞等でシミュレーションを行う。この繰り返しから微気圧波の低減は、車両の断面積を可能な限り小さくし、かつ後部に向い、その変化率を一定にすることで効果があることが分かった。これを受け700系の先頭形状が決まり、その名も「エアロストリーム」と名付けられた。

　N700系からは、航空機の主翼などの開発に使われている、遺伝的アルゴリズムをという最新の手法を用いたコンピューターシミュレーションで、空力、強度、静音など、複数の性能を満たす形状を模索。

　特に断面積の変化については2年がかりで、5,000通りぐらいを試し、ようやくたどり着いたデザインは、飛翔する鳥を思わせるような形から、「エアロ・ダブルウイング」形と呼ばれる。

　一連の先頭形状の開発の過程で得た結論は、先端部分がトンネルに入る瞬間は、その断面積の変化率が一定でなくても、さほど影響はない。しかしトンネルの断面積と、車両の断面積が同じ値に近づく、新幹線の車両ならば、丁度、運転席の付近がトンネルに突入する時、その部分だけ、変化率を一定にするとより効果があることが分かった。

　N700Sは、小牧研究施設での技術開発などで **(写真5-18)**、断面積変化率をより最適化し、先頭部の風の流れの改善を図った結果、正面から見ると、両サイドにエッジが立った「デュアル スプリーム ウイング」形となった **(図5-1)**。

写真5-18 小牧研究施設の低騒音風洞 （JR東海提供）

図5-1　0系からN700Sまでの新幹線車両先頭形状 （JR東海提供）
　　　　上段左から、0系、100系、300系、700系　下段左から、N700系・N700A、N700S、300Xカスプ形

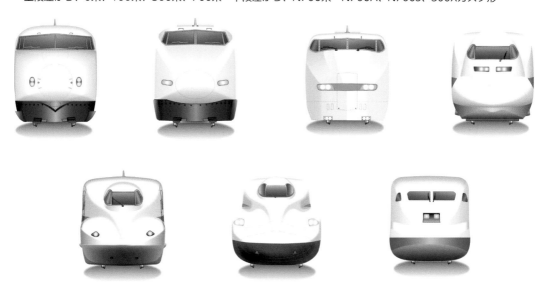

ちなみにトンネル微気圧波の対策といっても、東海道新幹線だけでもトンネルは66箇所もある。長さもそれぞれ異なり、通過する速度も違う。新しい形式の車両が誕生すると、実際に16両編成の車両を走らせ、その効果を見極め、場合によっては地上側の設備にも手を入れる。緩衝口に窓をつけ、密閉空間からいきなり開放区間に移行させるのではなく、徐々に変わるように細工を施した所もある。

車両の顔の一部ともいえる、フロントガラスは300系で、初めて3次元の曲面ガラスが使われた。当初は日本のメーカーでは製造できず、フランスのメーカーに特注していた。その後、N700Aからは、日本のメーカーとの2社体制となった。

■ 3 1度の傾きで、20キロ早くなる曲線通過

700系以降、新幹線の車両は走行安定性などを高めるとともに、車内騒音の低減や、乗り心地の向上など、より一層の快適性も求め続けられている。その目標は100系の2階建てグリーン車だという。車体は、300系の、押し出し加工を踏襲しながらも、700系からは二重構造（ダブルスキン）となる、中空押出形材を採用している（図5-2）。300系も車体下部など一部は二重になっているが、軽量化の問題でほとんどの部分がシングルだった。その後の技術の進化で、壁全体が二重になっても、窓と窓の間にある、縦方向の柱が不要になるため、重量の増加はある程度は抑えられた。その上、振動に強く、防音効果も増すなど、車内の快適性は向上した。さらに機器や電線等の軽減化で、編成あたりの重量は300系の711トンに対し、700系は708トンとさらに軽量化。同時に製造過程での溶接工程が減ることで製造費も低減している。

乗り心地の面から見ると、700系から車体間をつなぐ車体間ダンパーが装着され（写真5-19）、さらに台車には初めてセミアクティブダンパーを装備。700系では一部の車両に留まったが、N700系からは全車に採用されている。高速で走行する列車は、台車から車体に伝わる振動と、空気力で直接車体が揺れる現象が同時に起こる。この2つの揺れを、台車の空気バネだけで対応するのは難しい。そこで台車と車体の間に設置し、加速度センサーで揺れを検知し、それを相殺する方向に働く力を与えるのが同

ダンパーだ。初期のものは段階的に切り替える方式だったが、現在は無段階制御に進化し、より適格に振動を抑制できる。

N700Sはこれに加え、一部の車両にフルアクティブ制振制御装置を装備（64ページ図5-3、図5-4）。トンネル内を走行する際の気流の乱れによる、車体の揺れを低減している。

曲線通過速度の向上に寄与しているのが、車体傾斜装置だ。N700系から導入され、乗り心地はそのままに、R2500の曲線を時速270キロで通過できるようになった。

曲線にカントを設け、車体を内側に傾けることはすでに書いた。しかしこれだけでは、ある一定の速度を超えると乗客は、遠心力で外に振られるように感じる。勢い曲線の通過速度は限られる。東海道新幹線は250キロが限界だった。そこで考え出されたのが、車体傾斜装置だ。東海道新幹線は、在来線の「振子式」とはまったくの別物で、台車の外側に取付けられた、空気バネの高さを変えることで、車体を最大1度傾ける。しかし、傾けるタイミング、そしてその角度が重要で、これを間違えると、逆に乗客に

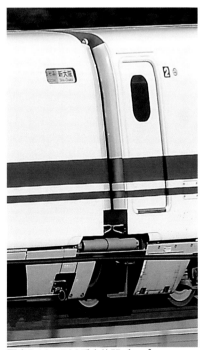

写真5-19 700系車体間ダンパー

図5-2　300系と700系の構体構造比較（JR東海提供）

～300系構体構造～

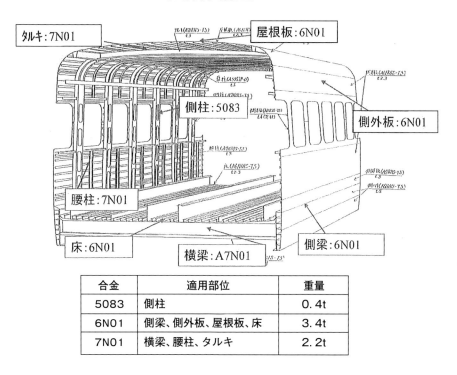

合金	適用部位	重量
5083	側柱	0.4t
6N01	側梁、側外板、屋根板、床	3.4t
7N01	横梁、腰柱、タルキ	2.2t

～700系構体構造～

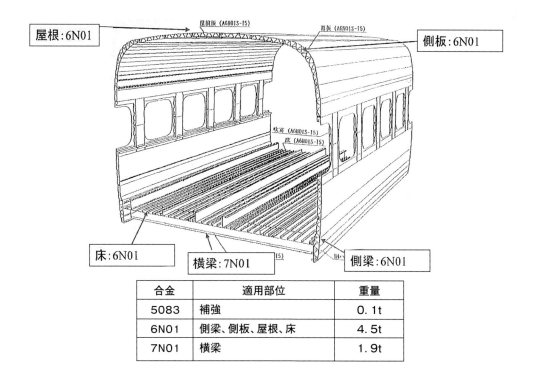

合金	適用部位	重量
5083	補強	0.1t
6N01	側梁、側板、屋根、床	4.5t
7N01	横梁	1.9t

不快感を与えてしまう。

新幹線の車両は、全線の曲線半径、勾配などの線路状況など、線路に関するデータを、あらかじめすべての編成が記憶している。運行中は、これらのデータと、新ATCの自車の位置情報を突き合わせ、次に来る曲線はいつ、どこで、さらにその時の速度で、どのくらい車両を傾ければいいかを常に計算し、曲線の入口手前で傾きはじめる。当然、16両編成ならば、先頭車と最後尾の車両では、傾きはじめる時間は異なる。ここで重要なのは自車がいまどこにいるかの距離情報だが、その基準となるのは常に先頭車のそれを使う。これはブレーキなどで中間車両の車輪が空転すると、編成内の位置確認がバラバラになり、それぞれの車両が適切な箇所で傾くことができなくなるからだ。

列車が時速270キロで進行中ならば、1秒間に列車が進む距離は75メートルだ。これに対し新幹線の1両の長さは25メートルだから、16号車は、先頭車が傾きはじめてから約5秒遅れて、追随することになる。

先頭車の情報は「制御伝送装置」で、瞬時に後方車両に伝えられる。同装置は運転士の制御信号など、これまで目的別に張り巡らされた電線で伝えられていた情報をデジタル化。すべての信号を「0」と「1」に置き換えることで伝達の確実性と、車両間の電線数の削減を同時に達成した。

車体傾斜は、乗客にその存在を気づかれてはいけない。乗客が違和感を覚えた時は、どこかに無理があるからだ。導入から約15年、これまで傾きに問題があったことはない。それは後述するように、日々のデータからも明らかだ（**写真5-20**）。

図5-3　N700Sに装備されたフルアクティブ制振制御装置（オレンジ色部分）
（JR東海提供）

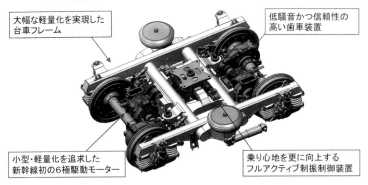

大幅な軽量化を実現した台車フレーム

低騒音かつ信頼性の高い歯車装置

小型・軽量化を追求した新幹線初の6極駆動モーター

乗り心地を更に向上するフルアクティブ制振制御装置

図5-4　N700Sフルアクティブ制振制御装置
（JR東海提供）

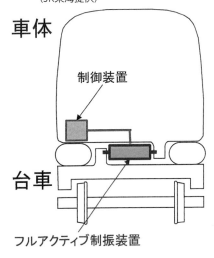

車体

制御装置

台車

フルアクティブ制振装置

写真5-20　N700系から曲線での車体傾斜により乗り心地が向上された（写真はN700S）

■ 4　進化するブレーキシステム

　ブレーキシステムも700系以降、300系で開発された、回生ブレーキシステムの長所を生かしながら安全性の向上、保守点検作業の簡略化、さらには静粛性も高められている。N700A以降はディスクブレーキに中央締結ブレーキディスクを採用。ディスクを止めるボルトの位置を、車軸に近いところから、ライニングが当たる部分に埋め込むことで、ディスクの変形が少なくなり、かつ安定した、より強いブレーキ力を得ることができる（**図5-5**）。

■ 5　雪との闘い

　東海道新幹線は1964（昭和39）年の開業以来、岐阜羽島〜京都間の「関ヶ原地区」を中心に雪に悩まされてきた（**写真5-21**）。これまで線路際へのスプリンクラーの設置（**写真5-22**）、車両の床下に付着した雪が落下する際に跳ね上げるバラストの飛散防止など、さまざまな対策を行ってきた。これに加え2010（平成22）年からは、N700系の床下と、地上にそれぞれカメラを設置し、列車無線システムを介し総合指令所へ伝送し、状況に応じて速度規制を実施している。

　さらに2019（平成31）年からは、運転台にもカメラを設置し、車両前方の画像を指令所へ伝送することで、よりきめの細かい徐行区間や速度の設定を可能にした。

図5-5　中央締結ブレーキディスク（JR東海提供）

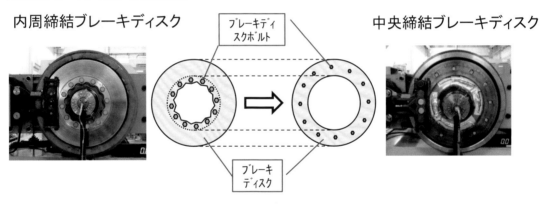

内周締結ブレーキディスク　　　中央締結ブレーキディスク

ブレーキディスクボルト

ブレーキディスク

安定した、より強いブレーキ力を実現

写真5-21　1966（昭和41）年1月、
　　　　　岐阜羽島〜米原間　雪の中の保守作業

写真5-22　2008（平成20）年11月27日、
　　　　　スプリンクラーが稼働する中を走る700系
　　　　　（米原駅）

■6 騒音を極限まで少なくする

パンタグラフもその形を大きく変えている。日本で使われているパンタグラフは在来線を含めその形は3つに分かれる。「菱形」「下枠交差形」そして「シングルアーム形」だ。元々は菱形が主流だったが、「下枠交差形」はその改良形で、折りたたんだ時に線路方向の長さが短くなる利点がある。東海道新幹線は開業当初の0系から300系まで同形が使われた。実は、300系の設計段階で、フランス製のシングルアームの採用も検討されたが、その時は見送られている。その後、新たに300系用のシングルアームが日本で開発され（**図5-6**）、700系以降はすべてシングルアームに統一されている。それでも改良は進められ、空気抵抗をよりすくなくするために、形状を考え、取付け部分の碍子も、700系までの4本が、N700で3本、N700Sで2本まで減らされている。

パンタグラフのカバーも700系では、1両完結形とし、連結部分で発生する騒音を少なくした。その後も、側面ならびに上方への風の流れを誘導することで、パンタグラフに直接当たる気流を少なくし、同時にレール方向の投影面積の減少で、パンタグラフはもとより、カバーそのものから発する騒音の軽減にも務めている。N700系以降は、シングルアームの下枠を極端に短くし、取り付け部分とともに、流線形のカバーに納めるなど、空力と騒音を極限まで少なくする挑戦は現在も続けられている（**図5-7、図5-8**）。

N700Sでは、パンタグラフの追従性をさらに高めるため、「たわみ式すり板」を開発。すり板を10分割し、それぞれをバネで支えることで、集電性能の向上とともに、すり板そのものの長寿命化で、保守経費の削減も可能にした（**写真5-23**）。

監視装置もN700Aから搭載。N700Sでは、より機器を充実させ、パンタグラフのすぐ近くの電流センサーで電流値を常時取得するとともに、カメラを設置し、舟体の状態を記録し、これを車両基地で解析し、異常がないか見極める。

図5-6　改造前と改造後の300系パンタグラフとカバー（JR東海提供）

３００系(改造前)　　３００系(改造後)

写真5-23　N700Sの「たわみ式すり板」。集電性能向上と長寿命化を果たした

図5-7　300系以降の屋根上集電部（JR東海提供）

300系 （改造前）	700系	N700 （N700A）	N700S

図5-8　新幹線パンタグラフの変遷（JR東海提供）

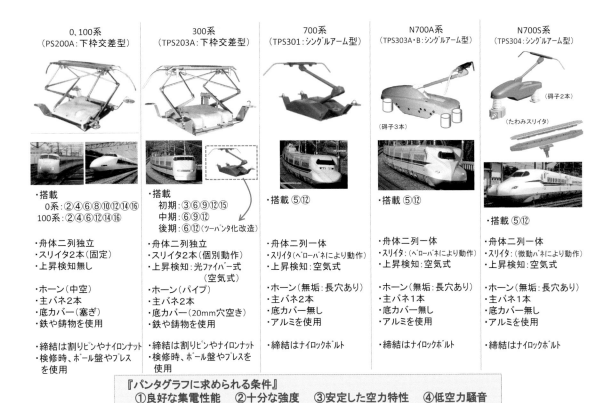

0、100系 （PS200A：下枠交差型）	300系 （TPS203A：下枠交差型）	700系 （TPS301：シングルアーム型）	N700A系 （TPS303A・B：シングルアーム型）	N700S系 （TPS304：シングルアーム型）
·搭載 　0系：②④⑥⑧⑩⑫⑭⑯ 　100系：②④⑥⑫⑭⑯	·搭載 　初期：③⑥⑨⑫⑮ 　中期：⑥⑨⑫ 　後期：⑥⑫（ツーパンタ化改造）	·搭載 ⑤⑫	·搭載 ⑤⑫	·搭載 ⑤⑫
·舟体二列独立 ·スリイタ2本（固定） ·上昇検知無し	·舟体二列独立 ·スリイタ2本（個別動作） ·上昇検知：光ファイバー式 　（空気式）	·舟体二列一体 ·スリイタ（ベローバネにより動作） ·上昇検知：空気式	·舟体二列一体 ·スリイタ：（ベローバネにより動作） ·上昇検知：空気式	·舟体二列一体 ·スリイタ（微動バネにより動作） ·上昇検知：空気式
·ホーン（中空） ·主バネ2本 ·底カバー（塞ぎ） ·鉄や鋳物を使用	·ホーン（パイプ） ·主バネ2本 ·底カバー（20mm穴空き） ·鉄や鋳物を使用	·ホーン（無垢：長穴あり） ·主バネ2本 ·底カバー無し ·アルミを使用	·ホーン（無垢：長穴あり） ·主バネ1本 ·底カバー無し ·アルミを使用	·ホーン（無垢：長穴あり） ·主バネ1本 ·底カバー無し ·アルミを使用
·締結は割りピンやナイロンナット ·検修時、ボール盤やプレスを使用	·締結は割りピンやナイロンナット ·検修時、ボール盤やプレスを使用	·締結はナイロックボルト	·締結はナイロックボルト	·締結はナイロックボルト

『パンタグラフに求められる条件』
①良好な集電性能　②十分な強度　③安定した空力特性　④低空力騒音

■7 2つの方式の競合から生まれた、走行風冷却

新幹線を動かす駆動システムも700系以降、大きく進化している。特に交流を直流に、そして再び交流に変換するPWM制御のコンバーター、インバーター（CI）は、半導体素子の進化でスイッチング速度が向上し、冷却方法も強冷から空冷に変わり、それに伴う小型化で、駆動システム全体、特に床下機器の配置に大きな変革をもたらした。

300系はGTOサイリスタを用いてPWM変調により電圧、電流を制御していた。しかし電流のスイッチングに伴う、主電動機のうなり音や、主変圧器から発生する、耳障りな音が車内の静粛性を損ねているとの指摘もあった。これはGTOによるスイッチングが500ヘルツ程度と比較的低く、この影響で人間が耳障りと感じる、1キロヘルツ前後の音が出るためだ。この課題を解消したのがIGBTトランジスタだ。IGBTは、スイッチング周波数が1500ヘルツ前後と高く、変換する交流の波が、より正弦波に近づくことで、電動機は不快な音を発することなく、車内騒音も抑えられる。

利点の多いIGBTだが、新幹線の主変換装置に活用するのは700系が初めてで、担当するメーカー4社が試行錯誤を繰り返した。その過程で、IGBTを搭載するパッケージが当初、「圧縮型」と「モジュール型」の2種類に分かれた。その差は冷却方法に顕著で、前者は「両面」、後者は「片面」をそれぞれ冷やす方式だった。当初は冷却方法などから「圧縮型」が有利で、こちらに決まりかけていた。

国鉄時代から300系の設計までは、JR東海がこの4社の提案を検討し、どこか1社に絞った。これを「原設計」とし、これと同じものを残り3社が作る形をとった。しかし、これでは不採用のメーカーがその後、独自の優れた技術を開発したとしても、新たに採用するのは難しくなる。そこで、設計段階で2つの方式を同時に採用。外形、取付け方法などは統一するものの、中身はメーカーの独自設計にまかせた。社内でも反対はあったが、冷却容量、制御入出力のインターフェースの統一を図ることで、共存することができた。

半導体関連技術やコンピューターのように、日進月歩の進化を見せるものは、複数のメーカーが競合して存続しうるようにすることが、事業者として大事なところでもある。それが自らの車両その他が、技術的に時代遅れになることを防ぐ意味もある。この後、素子そのものの技術的進歩で、より高い性能の「モジュール型」が登場。この「片面冷却」が、後の「ブロアーレス」化に大きく貢献する。

CIは熱に弱く、いかに冷却するかが最大の課題でもある。そのためN700系までは、大型の送風機（ブロアー）で強制的に冷却していた。しかしこの機構が小型化への最大の障壁だった。そこでブロアーを使う「強制風冷方式」から、走行時に発生する風だけで冷やす、「走行風冷却方式」の検討が開始された。とはいえ、鉄道車両で、今まで誰も実用化したことはない。車両の床下にIGBTと同じ程度の熱を持つ「ダミーヒーター」を設置し、風の流れや、その取り込み方、自動車の空冷エンジンに見られる、ヒダ（フィン）の形状や傾きなど、ありとあらゆるパターンを試した。それでも思うような結果が得られない中で、メーカーから、「次世代のIGBT素子は、発熱量がこれまでに比べると何分の1かになる」との情報がもたらされた。早速、この新製品をN700系の試験車両でテストした。熱源の半導体を冷却体の上に載せ、その下部から突き出す構造の冷却フィンを設置。これで、走行風だけで安定して冷却できることが判明した。こうして2007（平成19）年、N700系から「ブロアーレスCI」が実用化された。10年以上前の、「モジュール型」を残す判断が、ここに来て思わぬ成果をもたらした。

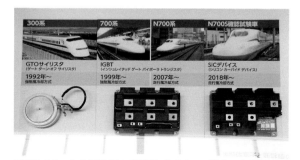

写真5-24 主変換装置の半導体デバイスの推移。半導体素子の進化は、車内の静粛性を高め床下機器の配置に大きな変革をもたらした

これに半導体のさらなる進化という援軍も加わった。SiCパワー半導体だ（**写真5-24**）。これで、N700SのCIはさらに小型化。300系当時、約2.5トンもあったものが、約1,000キロにまで軽量化。大きさも、レール方向の長さがN700系の約2,200ミリから、半分以下の約1,000ミリに収まった。鉄道車両の技術の進化を振り返ってみても、これほど画期的な改良、軽量化を成し遂げた例は珍しい。当然、これで床下の機器配置が大きく変わった（**図5-9、図5-10**）。

図5-9　300系、700系の床下機器配置（JR東海提供）

300系 2Uの床下機器配置

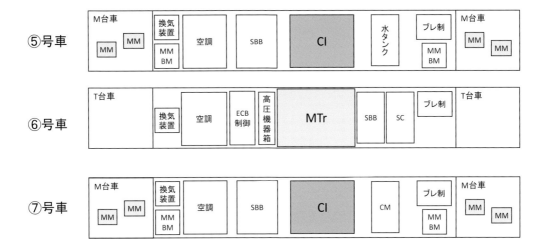

700系 2Uの床下機器配置

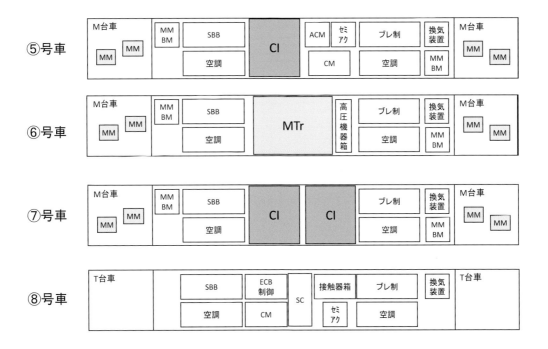

図5-10　N700系、N700Sの床下機器配置 （JR東海提供）

N700系 2Uの床下機器配置

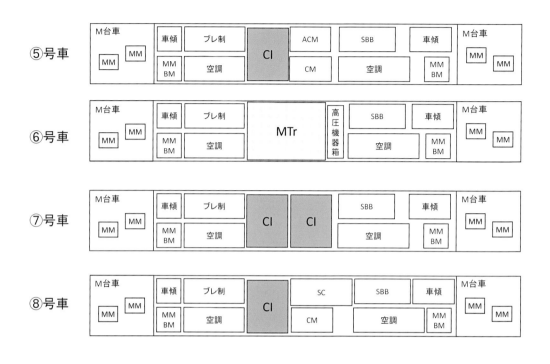

N700S　2Uの床下機器配置

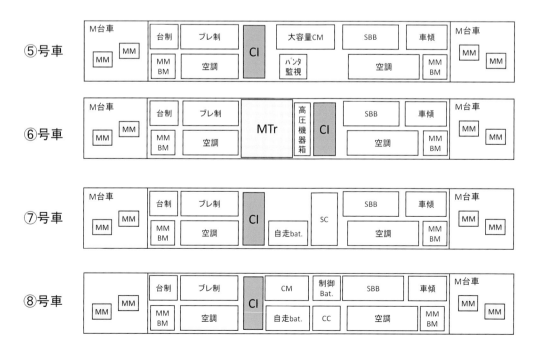

■8 「標準車両」で、世界も視野に

全編成のうちM車、電動機が付いている車両を何両にするか。これは電車の設計段階で大きな課題でもある。少々繰り返しになるが、開業当初の0系は、全ての車両に電動機を付け、世界初の時速200キロ以上の営業運転に挑戦した。1985（昭和60）年に登場した100系は、新幹線としては初めて付随車（T車）4両を連結した。どちらも2両で1ユニットだ。これに対し、初めて交流誘導電動機駆動システム、VVVF制御を採用した300系は、3両1ユニットに。T車に主変圧器を載せ、前後のM車にCIを載せ、さらにT車のうち6、12号車にはパンタグラフと、そのカバーを載せることで、車両ごとの軸重のバランスを保っている。

ユニットの数は、300系は3両1ユニットが5つ、700系以降は4両1ユニットが4つと、1つ少なくなった。それでも、その1つが不能になっても最高速度を確保し、運行ダイヤに影響を与えることはない。さらに300系では1編成16両で、床下に積めるCIは全部で10個だった。これが700系では軽量化され12個、N700系では14個に増えた。CIが増えれば駆動できる電動機の数も増える。その結果、300系の総出力1万2,000キロワットが、N700系では1万7,080キロワットと1.4倍になった。ところが、この時点でのCIは、ブロアーが付く強制風冷方式でまだ重い。そのため床下配置はN700Aまで、変則的な形になった。

床下の機器で一番大きいのは主変圧器で、CIを同じ車両に載せることはできなかった。このためN700Aまで、主変圧器が載った車両の電動機を制御するCIは、隣の車両に2つ並べるしかなかった。しかし「走行風冷却」化と、SiCの登場でCIも小さく、かつ軽量化した。これでN700Sからは、主変圧器とCIを同じ車両に載せることができるようになった**（72ページ図5-11）**。

床下の空いたスペースには、大容量のリチウムイオンバッテリーを搭載。高速鉄道では初めての「バッテリー自走システム」で、自然災害などによる長時間の停電時に、トンネルや橋梁上などを避け、乗客の避難が容易な場所までの、自力での移動を可能にした。また、何らかの理由で自走できない時は、バッテリーの電源は全車の室内灯、トイレさらには無料のWi-Fiなどの機器に供給する。

ユニット構成の変化は、「標準車両」を現実のものにした。N700Aまでは床下の機器配置は、先頭車両が2種類、中間車両が6種類で、その組み合わせは複雑だった。ところがN700Sでは、M車は主変圧器が有るか無いかの2種類、T車は運転台の方向による2種類に統一できる。これで基本設計を変更せず、8両や12両などさまざまは編成も可能になった。また、T車を外せば3両1ユニットもできるので、7両や9両など奇数編成までをも可能にした**（72ページ図5-11）**。

ここでの「標準車両」とは単に16両以外の編成を作る、ということではない。床下の機器配置、さらには軸重までも、ある一定の基準を満たしながら、短い編成が成り立つ、というところに「標準車両」の意味がある。

遡れば、700系はJR九州の800系で6両編成になり、台湾では12両編成に、さらに山陽区間では8両になった。N700系も8両編成が走っている。しかし、その時の設計変更は車両メーカーが膨大な作業を強いられた。その上、設計変更により、JR東海として開発してきた技術者の思い、意思を継続することが難しく、時に似て非なるものになりかねない。その意味から「標準車両」は、JR東海の開発陣が持つ、車両への思いを踏襲し、かつN700Sの先頭形状、車両構体の基本、駆動関係の主回路、台車、さらにはATCシステムを含めたブレーキ機構などの、コアシステムを変えずに、さまざまな編成が生まれることでもある。それはN700Sが、日本の他の新幹線、さらには海外での活躍を容易にすることでもある。その第1号として、2022年秋頃に営業を開始する予定のJR九州の西九州新幹線に6両編成で登場する**（72ページ図5-12）**。

「のぞみ」の誕生から30年。その2年前に登場したN700Sの最初に作られた編成は、JR東海の中では300系と同じ「J0」とよばれている**（72ページ写真5-25）**。新「J0」は、その後に作られた、量産編成が営業運転を開始した後も、試験編成として残され、さまざまな機器を載せ「次」を模索する。30年前の「J0」が、東海道新幹線に新たな可能性をもたらしたように、新「J0」も、次なる「のぞみ」を求めているようにも見える。

図5-11　新幹線ユニット機器配置図（JR東海提供）

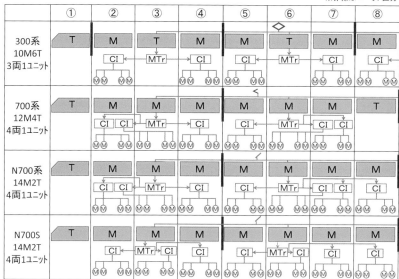

図5-12　N700Sの標準車両イメージ（JR東海提供）

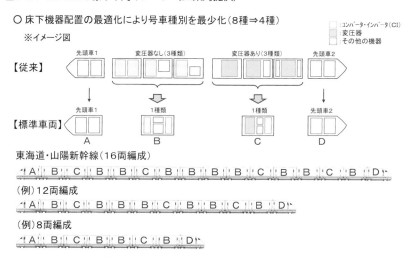

基本設計の変更なく、様々な編成構成に対応が可能

写真5-25　N700S「J0編成」

■9　歴代が集う、リニア・鉄道館

東海道新幹線は0系から、N700Sまで、歴代7形式が本線上を賑わした。そのうちのN700系までと300Xが保存されているのが、JR東海の「リニア・鉄道館」だ**（写真5-26）**。名古屋市の南端、名古屋臨海高速鉄道「あおなみ線」の金城ふ頭駅から歩いてすぐ、電車が同駅に進入寸前、屋外展示のN700系が出迎えてくれる。

写真5-26　リニア・鉄道館外観

館内に一歩足を踏み入れると、日本で最大、最速の蒸気機関車「C62 17」と、超電導リニア「MLX01-1」に挟まれるように展示されている、955形新幹線試験電車（300X）の「ラウンドウェッジ」が出迎えてくれる**（写真5-27）**。

写真5-27　館内最初のフロアに展示されている蒸気機関車「C62 17」、「300X」、超電導リニア「MLX01-1」

次の部屋に進むと、おなじみの白と青の新幹線の車両が時代別に4種類並ぶ。まず0系。1964（昭和39）年、東海道新幹線の開業時から使用された形式と同型で、東海道では、1999（平成11）年まで使用された。0系はこの先頭車（21形式）以外に食堂車（36形式）、グリーン車（16形式）と、新幹線開業当時に話題になったビュフェ車の2代目（37形式）の、4車種が残る**（写真5-28〜5-30）**。

写真5-28　0系（21形式）先頭車

写真5-29　0系（21形式）普通車車内

写真5-30　0系食堂車（36形式）

0系の後継車として登場した100系もある。同館には先頭車（123形式）と、2階建て食堂車（168形式）が連なって展示されている**（写真5-31〜5-34）**。0系と100系の食堂車の内部はほぼ当時のままで、今すぐにでも営業を開始できそうだ。

その隣が本書の主役でもある300系。展示されているのはJ0を量産車改造した16号車（322形式）で、325.7キロの世界最高速度を記録した当時の面影をそのまま残している**（写真5-35、写真5-36）**。

その後ろが、「幻の車両」とも言われるドクター

写真5-31　100系（123形式）先頭車

写真5-34　100系（168形式）2階建て食堂車車内

写真5-32　100系（123形式）普通車車内

写真5-35　300系（322形式）先頭車（J0編成改造車）

写真5-33　100系（168形式）2階建て食堂車

写真5-36　300系（322形式）普通車車内

イエロー、「922形新幹線電気軌道総合試験車」だ。通常の営業速度と同じ速度で走行しながら架線、信号、軌道の検査・測定を行える。0系を基に製造され、2005（平成17）年まで活躍している**（写真5-37）**。

屋内展示の最後が700系。量産先行試作車の723形式の先頭車で、1999（平成11）年からは営業運転にも投入されている。

屋外に目を転じると、N700系が3両編成で並ぶ。量産先行試作車として車体傾斜など多くの新しい技術の開発を担った**（写真5-38）**。

その鼻先に小さな蒸気機関車が置かれている。1918（大正7）年、新多治見（岐阜県）～広見（同）間で開業した、東濃鉄道で使用されたケ90形式で、線路幅は762ミリの軽便鉄道だ。N700系に比べるとほとんど豆粒のようだが、その大きさ、形状の違いに日本の鉄道の100年間の進化が隠されているようで、なんとも興味深い**（写真5-39）**。この他、同館には在来線の車両を合わせ39両が保存・展示されている**（写真5-40、76ページ写真5-41～写真5-44）**。

写真5-37　922形新幹線電気軌道総合試験車

写真5-39　東濃鉄道　ケ90形式

写真5-38　N700系量産先行試作車

写真5-40　数多くの在来線車両も展示されている
（特急「しなの」などで活躍した381系）

写真5-41　京阪神間の急行電車として戦前に運用されたモ
　　　　　ハ52形式。流線型のデザインから「流電」の愛
　　　　　称で親しまれ、飯田線でも運用された

写真5-42　111系は、斬新なシステムを多数採用し、「新性
　　　　　能電車」と総称された。東海道本線などの中距
　　　　　離列車で活躍した

写真5-43　日本最大級の面積を誇るジオラマは、東海道新
　　　　　幹線沿線などの代表的な建物や情景、日常的な
　　　　　人々の様子を精緻に再現している

写真5-44　新幹線シミュレータ「N700」は、N700系新幹
　　　　　線電車の実物大の運転台と、10m×3mの大型曲
　　　　　面スクリーンで楽しめる

第六章

「点」から「線」へ、変革する保守

自動車に車検があるように、鉄道車両も定期検査が義務づけられている。しかも自動車のように新車3年、それ以降2年と単純ではない。走行距離や使用日数によって、いくつか異なる検査がある。鉄道会社によってその検査内容、周期、名称は異なる。JR東海の新幹線は4種類に分かれている。「仕業検査」、「交番検査」、「台車検査」そして「全般検査」だ。このうち「仕業」、「交番」は大井車両基地（東京都品川区）で、鳥飼車両基地（大阪府摂津市）はこれに加え「台車」も受け持ち、「全般検査」のみ、浜松工場（静岡県浜松市）が担当している。

■ 1　各部の動きから、「ヒヤリハット」までデータベース化

東京駅を出た東海道新幹線は暫く東海道線などの在来線と並行する。その田町駅を過ぎたあたりで、本線から大きく左にそれる側線がある。その先、東京駅から直線にして約10キロ、羽田空港の手前に、大井車両基地がある **（写真6-1）**。東京ドームが8つ収まる広さの同基地には、1日に平均135本の列車が出入りし、東海道新幹線の東のターミナルとし

て、車両の点検整備を行っている。

1つの編成に対し、概ね2日に1回に行われるのが「仕業検査」だ。同基地の「東京仕業検査車両所」が担当する。これから本線への「始業」を前に、パンタグラフの動き、すり板の摩耗チェック、床下機器から台車まで、外見で不具合がないかを細かくチェックする **（写真6-2）**。

「交番検査」は、45日または、走行距離が6万キロを超える前に行われる。新幹線の車両は在来線に比べ速度が速い分、1日に走る距離も長くなる。最大で3,200キロも走ることがある。そのため45日を待たずに、6万キロを突破してしまうことがほとんどだ。検査は広大な同基地の南側、最も羽田空港に近いところに位置する、同基地の「東京交番検査車両所」第一検修庫で行われる。朝の9時、同庫の検査専用線には、すでに16両編成の車両が入線している。屋根の上ではパンタグラフに2人がとりつき、動作の確認、碍子カバーの取り付けボルトに緩みがないかなど、1つひとつ、「よし」のかけ声とともに確認していく。床下の台車にも係員が潜り込むように、各部を点検する。「ライニング　よし」「キャリパよし」「TC　よし」と専門用語を交えながら、「指

写真6-1　大井車両基地空撮　（JR東海提供）

差喚呼」で確認。すべての検査の手順は標準化され、点検箇所の順番を決めることで、効率的、かつ漏れを防いでいる（**写真6-3**）。

　隣の台車では、車軸の内部に亀裂などないか、超音波探傷器で検査している。人間は20ヘルツから20キロヘルツまでの音は聞き分けられるが、それ以上の高音は聞き取れない。その帯域を超音波という。指向性が強く物質の中でも伝わっていく。均質な物質の中では直線的に進むが、異質な物体との境界面では反射する。探傷機はこの性質を応用している。車軸の中を突き進んだ超音波が亀裂などにぶつかる

と、その中の空気（異質物）で反射するため傷の有無が分かる。この検査、300系から検査方法が変わった。軽量化のため、中ぐり軸にしたことはすでに書いた。そのため軸中心の中空部分に検査機器を挿入する形となった（**写真6-4**）。

　客室内でも作業は続く。すべての椅子を1つひとつ、座席を傾け、肘掛けを上下し、前のテーブルの表面等に傷などがないか、手で触る。さらに一列ごとに座席を回転させ、動きをチェックしていく。トイレも水回りから、排泄機構まですべて、手で動きを見ながら、不具合を見つけ出す（**写真6-5**）。

写真6-2　仕業検査（大井車両基地、JR東海提供）

写真6-4　交番検査における中ぐり軸探傷（大井車両基地）

写真6-3　交番検査における台車検査（大井車両基地）

写真6-5　交番検査での座席チェック
　　　　（大井車両基地）

交番検査に要する時間は140分。その間に運転台から車体の側引戸（乗降口）、床下の台車などの機器の機能を集中的に検査する。

検査は原則、2人1組で行われる。そのどちらかが必ず手に「タブレット」を持つ。2019（平成31）年4月から導入された、「新幹線車両検修システム（ARIS ＝ Advanced Rolling stock Information management System）」の端末だ（**写真6-6**）。それまでの紙によるチェックシートを電子化、画面にはその検修でのチェック項目が並び、1つひとつの項目を終える度に、画面をタッチし「レ点」を付けていく。これによりチェック漏れの防止、かつ信頼性も高めている。さらに検修の日時、担当者名等も記録しデータベース化。ARISの導入で紙が1日あたり400枚削減されるなど、環境に配慮した面もある。同システムは後述する、浜松工場の「全般検査」でも活用され、東海道新幹線で現在使用されている134編成（2021年3月末現在）全列車のそれぞれの部位が、いつ、どこで、誰によって、何をされたかが、すべて記録され、いつでも検索できる。

記録されているのは、いいことばかりではない。検修中の工具の置き忘れ、確認漏れなどは、そのまま放置すれば重大事故につながる可能性もある。また、検査中にいわゆる「ヒヤリハット」が発生することも。その都度、ARISにその事象を詳細に記録。

緊急性が高いものは、その場で管理者が対策を検討し、当事者の責任で不具合に至らぬよう対処。さらに緊急性の低いものは、検討会議などで対策を練り、現場の作業環境の改善などに役立てる。

18カ月以内もしくは、60万キロ以内で、交番検査と全般検査の間に行われるのが「台車検査」だ。新幹線に限らず、鉄道車両を構成する機器のうち、回転し、摩耗が伴うものは、すべて台車に集中しているため、特別に「台車」のみの検査を行う。

■ 2 交番検査は、若手社員の登竜門

検査中の各所から響く、「よし」の声は総じて若い。それもそのはず、担当者の平均年齢は30.9歳。交番検査は新入社員の登竜門でもある。実は大井基地は新入社員が実際の仕事を通じて学習する、オンザジョブトレーニング（OJT）の場も兼ねる。そのための専用の部屋もある。「スキルアップ訓練室」だ（**写真6-6**）。一歩足を踏み入れると、700系の運転台、パンタグラフ、台車など、廃棄部品を活用した訓練機器が並ぶ。その中に車輪の踏面を適正な状態にする、「研摩子」の取り替え訓練機器もある。新幹線の機械ブレーキは前述のように、ディスクブレーキだ。在来線の電動車（M車）の機械ブレーキは踏面に直接、制輪子を当てるタイプが多い。これで踏面

写真6-6　アリス端末を使用したパンタグラフ検査の研修
（大井車両基地スキルアップ訓練室）

上に目に見えない程度の凸凹が付き、粘着係数の適正化に役立っている。しかし、ディスクブレーキでは踏面に触れることはない。そこで走行中、一定時間、踏面に特殊樹脂で作られた「研摩子」を密着させ凸凹をつけている。「研摩子」は使えば摩耗する。最初は厚さ48ミリあるが、それが22ミリ以下になれば取り替えなければならない。その作業は台車の下に潜り込む形となり、決して作業環境は良好とはいえない。しかも作業時間は限られている。そこでこ

写真6-7　研摩子取り替え訓練機器
　　　　（大井車両基地、JR東海提供）

の訓練機器がある（**写真6-7**）。

　入社2年目、同基地ではベテランといえる係員が、交換作業を実践する。その時間は1分程度で終了。しかし新人になると、早くても5分ほどかかる。これでは現場での作業に支障をきたすため、同室で何度も訓練を繰り返す。パンタグラフのすり板、台車周りの点検などもしかり。新人の訓練はここからはじまる。

　同基地で車両検修の基礎を学んだ後、多くの若者は入社4年目ごろを境に、ここを巣立っていく。新幹線の他の基地で、修繕を担当するもの、あるいは在来線で新たな技術を身につけるものなど、進路はさまざまだが、そのひとつに静岡県の浜松工場がある（**写真6-8**）。

　同工場の歴史は古い。1906（明治39）年、鉄道国有化法案が可決され、日本の主な路線が国有化されると同時に、「蒸気機関車専門の修繕工場」となる。その後は蒸気機関車の製造も担当し「C51」や「D51」などもここから誕生している。

　新幹線との関わりは、東海道新幹線の開業前に遡る。国鉄の近代化論議の中で同工場廃止論もある中、

写真6-8　浜松工場（JR東海提供）

1960（昭和35）年、地元の存続を望む声を受け、新幹線の試験用車体を2カ月で製作する。これをきっかけに「受持ち工場」として認定され、翌年には早くも試験車両の「全般検査」を開始し、新幹線修繕工場としての地位を確立していった。

1964（昭和39）年の開業の翌年、営業車両としては初めての全般検査が、工場あげての式典を行う中で実施された（**写真6-9、写真6-10**）。その後、2011（平成23）年までは、JR東海の在来線の車両の検修等も行われていたが、それ以降は新幹線専用の工場として現在に至る。東海道新幹線の本線とは引き込み線で結ばれている。その線が工場西側の入口付近にさしかかるところで、公道と交差する。フル規格の新幹線が、自走で通過する踏切は全国でもここだけだ（**写真6-11**）。

■ 3　すべてを分解し、一から確かめる機器の動き

同工場が受け持つ全般検査は、現状では、累積走行距離120万キロ（東京〜新大阪間1,200往復に相当）もしくは、前の検査後、36カ月以内に行われる。ちなみに2021年度の1年間で48編成が全般検査の対象となった。

自力で入庫してきた16編成の車両はまず、4両単位のユニットごとに切り離される。その後、前作業場で1両ずつに分けられる。次は解体場に据え付けられた、大型ジャッキで持ち上げられ、台車が外される。同時にパンタグラフと床下機器も取り外され、本格的な検査がはじまる（**写真6-12、写真6-13**）。

車体には工場内専用の仮台車が着けられ、車体加修場へ。ここで椅子、トイレ、空調機器など、外せるものはすべて取り外し、それぞれが専門の部署で、分解できるものは分解し、必要があれば部品を交換する。車体本体は塗装場へ。まず、車体に洗浄剤を吹き付け、専用のブラシで磨く。これを工場内では「研ぐ」という（**写真6-14**）。その後、水で洗い流すと、側面から茶色の水がしたたり、高速走行で、こびりついた汚れが洗浄されていく。この後、青、白の順

写真6-9　新幹線全般検査　第一号車　解体作業
（国鉄浜松工場、1965年6月2日撮影）

写真6-10　新幹線全般検査　第一号車　パンタグラフ　解体作業（1965年6月2日、国鉄浜松工場）

写真6-11　浜松工場へ入場するN700系。
フル規格の新幹線車両が自走で通過する踏切は全国でここだけだ（JR東海提供）

写真6-12　全般検査を前にしたN700系（浜松工場）

写真6-13　全般検査のため切り離された車両（浜松工場）

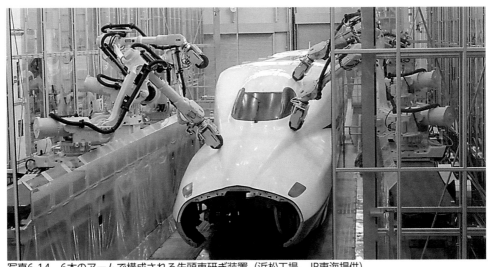

写真6-14　6本のアームで構成される先頭車研ぎ装置（浜松工場、JR東海提供）

に塗装が施される。ほぼ新車同様の輝きを取り戻した車体は、ぎ装場で台車や床下機器と再び合体する。

　台車はまったく別の工程を進む。解体場で車体と切り離された後、専用のトラバーサーで隣の第一部品検修棟へ。ここで分解され、車輪が外れた車軸は、「車軸探傷」装置へ送られる。前述のように300系から軽量化の一環として、車軸は中央が空洞化された。先の交番検査でも行われた超音波探傷に加え、ここでは内視鏡で、空胴内部のさび等の有無も目視で確認する（**写真6-15**）。

　車軸にはもう一つ重要な部品が付く。電動機の回転を伝える歯車装置だ。電動機はバネ下荷重の減量のため、台車枠に取付けられている。輪軸と台車枠の間には1次バネがあるため、それぞれの振動周期は微妙に異なる。このため車軸と電動機の駆動軸を、歯車などで直接つなぐことはできない。間に「継ぎ手」を挿入し、振動の違いと高さのズレをここで吸収している。電動機の回転は大小2枚の歯車と継ぎ手を介し車輪に伝えられる。歯車も輪軸同様、内部の傷などは大敵だ。検修ではそれぞれの歯車を磁粉探傷で検査する。歯車の両端を電磁石ではさみ、一時的に磁化、その状態で鉄粉をまぶした塗料を表面に塗布する。万が一傷があると、塗料が傷口に集まるため発見できる。車軸も超音波検査に加え、同検査を行うが、近年、大歯車も車軸も傷が発見されたことは無いという（**写真6-16**）。

　電動機も検修の対象になる。0系、100系で使われた、直流電動機は整流子など摩耗部品があることか

写真6-15　中ぐり車軸を超音波で検査（浜松工場）

写真6-16　全般検査が終了したN700系のボルスタレス台車（浜松工場）

ら、検修時は分解して検査ならびに、消耗品の交換が行われた。これに対し300系以降の交流電動機の内部には、消耗品が存在せず、交番検査でも分解することはない。では何もしないかといえば、そんなことはない。まず軸受け。電動機の軸受けはベアリングだが、前述の「継ぎ手」と結びつく、通称「負荷側」は「円筒コロ軸受け」で、「非負荷側」が「玉軸受け」だ。検修では両方のベアリングのグリースを、耳かき状のへらで、すくい取り、化学的に分析する。万が一その中に鉄、銅、アルミ等の成分が、規定値以上に含まれていれば、何らかの異常があると判断する **（写真6-17）**。

次が振動試験だ。特別の部屋に一つひとつ設置し荷電。まず、3,000rpm以上で回転させ、人間の耳で異音がないか確かめる。その後1,400rpmに戻し、取付けた振動計で異常がないかをチェックする。一連の検査が無事終了すれば、水で洗い、古いグリースを交換して、再び一線へ復帰させる **（写真6-18）**。

すべての部品の検査が終わり、再び組み立てられた台車は、車体ぎ装場に戻る。そこで待ち受ける車体や床下機器と合流し全般検査は終了する。それに要する日数は14日間だ。

■ 4　状態監視で、事前に対処

「仕業」にはじまり「交番」「台車」そして「全般」は、すべて鉄道における保守業務の一環だ。保守の最も基本的な目的は、車両を正常な状態に保つことだ。定期的に点検し、消耗品の取り替えや、修繕により機能を回復させる。しかし現代の「保守」はこれだけではない。車両を「故障」という、「点」でのみ管理するのではなく、運行中の列車の細部の状態をいち早く知り、保守の現場でその芽を見つけ事前に対処する、いわば「線」で管理すれば、鉄道の安全性はより高まる。

新幹線は長年の車両の進化と供に、走行中のデータを取得する仕組みを、徐々に作り上げてきた。1992（平成4）年から運行を開始した300系ではコンピュータの進化に合わせ、より多くの走行中の各機器のデータを記録。その後も700系、N700系と、記録するデータ項目を段階的に増やすとともに、すべてのデータを一括管理できる「モニタ」装置を搭載した。これらのデータは300系までは検査時などに、車上の機器にパソコンを接続し、読み取っていた。700系からは無線装置が開発され、N700Aまでは、車両基地の入口などに受信装置を設け、各車両は入線時にデータを自動送信していた。

2020年7月から運行を開始した、N700Sからは収集するデータ量を飛躍的に増やし、かつ地上との無線方式の改良で、伝送速度も従来の10倍と、大幅に向上させた。受信端末も各車両基地に加え、東京駅、新大阪駅にも設置。営業中の車両からの生データの取得を可能にした。車両データの取得方法の改良は当然のことながら、「保守」の体制を大きく変える

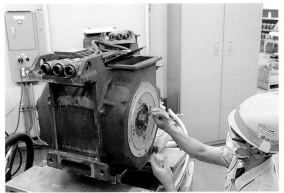

写真6-17　電動機のベアリングのグリスをチェック（浜松工場）

写真6-18　検査を待つ交流誘導電動機（浜松工場）

ことになった。

　2015（平成27）年7月、東京仕業検査車両所と、大阪仕業検査車両所（鳥飼）に「車両データ分析センター」が新設された。走行中のATCシステム、ブレーキ、車体傾斜装置、空調、乗降扉などの、機器の動作データを24時間体制で監視している（**写真6-19、写真6-20**）。

　大井車両基地の一角の同センターでは所長以下19人が、それぞれディスプレーを前に、車両から上がってくるデータの分析に余念がない。車両からの情報に加え、乗客からの苦情など数値に残らないものも、乗務員から総合指令所を経由してもたらされる。

　東京、新大阪両駅に到着した車両からの情報には、すぐ対処しなければならないものもある。その場合はセンターから逆に総合指令所に知らせ、対策を施すこともある。それ以外の膨大なデータは日々解析され、検査業務に反映される。例えば仕業検査で行われる、「ATCチャート確認」。従来は検査の度に車両に赴き、ATC装置の記録から、異常があるかを確認しなければならなかった。これがN700系以降は、異常があれば分析センターのディスプレーで察知することができ、仕業検査の一部を代替することを可能にした。

　空調や乗降扉など、常時稼働しているものは、検査という「点」だけでは不具合が見つからないこともある。いずれも動かなくなると、乗客サービスに多大な影響を与える。そこで空調は室内の温度変化を、分析センターで車両単位で監視。ある車両で数分ごとに設定温度から乖離する事態を見つければ、すかさず担当部署に報告する。これで温度センサーの配線不良がわかり、空調機の停止という、最悪の

事態が起こる前に解決することができたこともある。乗降扉もすべての扉の開閉時間を記録。バラツキが頻繁に起きる扉には不具合があると判断し対応する。中にはドアエンジンの、空気シリンダーのピストンロッドに傷があり、放置すれば駅到着時、突然扉が開かないことも考えられたが、事前に対処できたこともある。

■ 5　データが証する、確実な傾き

　「車体傾斜」も重要な監視項目の1つだ。曲線で適正に傾かなければ乗り心地に大きく影響する。しかし常時、全車両に担当者が乗車し、正常に傾いているかを確認するのは現実的ではない。その代わりに、導入後から、すべての曲線での傾きの時間、その角度などを、全編成の全車両で記録。それを前述の「ARIS」の解析装置で分析し、動作を確認している。この装置の開発で、車体傾斜は、「うまくいっているはずだ」との推測ではなく、「設置以来一度も不具合が発生したことはない」と言い切れるまでになった。

　台車は本体に取付けられた、「空気バネ圧による台車異常監視機能」と「振動検知」に加え、地上に設けられた「台車温度検知装置」の3つで監視している。

　「空気バネ圧…機能」は、2017（平成29）年12月に、N700系の台車枠に亀裂が入ったまま走り続けた事故を受けて設置された。1つの車両には4つの空気バネが取付けられている。正常時は4つが均等に車両を支えている。これが万が一、台車枠に亀裂が生じると、枠の一部が沈み込むなど変形し、空気バネの

写真6-19　車両データ分析センター
（大井車両基地、JR東海提供）

写真6-20　営業中の車両の状態をデータとして得ることで、保守体制は大きく変わった（大井車両基地）

バランスも崩れる。そこで前後方向に2つある台車の、進行方向前部の右側と後部の左側、もう一方はその逆と、それぞれ対角線にある空気バネの、圧力バランスを監視することで、台車の異常を早期に検知し運転台に警報を発することができる。

「振動検知」は台車に直接、振動計を設置し、異常な振動を検知すると警告を発する。3つ目の「温度検知」は、小牧研究施設が開発した。3つの中でこれだけは地上に設置されている。東京〜新大阪間の路線上の5カ所に設けられた、赤外線放射温度計が、通過する車両の車輪、軸箱などの表面温度を非接触で測定し、集められたデータを分析センターに伝送している。

交番検査でも状態監視の恩恵は限りない。分析センターの誕生までは、車体傾斜、車内の空気圧の変化、電気ブレーキ、主変換装置（CI）などは、すべて検査時に対象機器を駆動させ、不具合の有無を確認していた。しかし現在は、これらの機器の動作状況は、走行中のデータから日々確認できる。これで検査の効率化と省力化に加え、営業車両の品質向上にも貢献している（**写真6-21**）。

車両から発せられる情報は、走行データばかりではない。車内防犯カメラの映像もある。N700系以降、それまでデッキ部分のみだった防犯カメラを、客室内とデッキの通路部分にも計3台増設した。平常時は総合指令所で、個別の列車の映像を取得できる。さらに乗客等が室内の非常ボタンを押した瞬間、運転台と車掌室で警報が鳴り、カメラの映像で室内の状態を確認できる。同時に同じ映像は総合指令所にも自動転送され、その後の対応に役立てる。

これまでの鉄道車両は、経年劣化によるなどの異常があっても、入庫して検査するか、走行中は異音や振動などが発せられるなど具体的な症状が出るまで、検知することはできなかった。それが走行データの収集と、分析センターの設立で、故障を予兆段階で把握することが可能となり、定期検査の一部を、データ分析に置き換えることで省力化にもつながった。同時に浜松工場における、全般検査にも大きく貢献している。

浜松工場に「車両診断センター」が設立されたの

写真6-21　N700Sの品質も日々のデータ分析やそれに基づく検査により維持されている

は、「車両データ分析センター」より2年遅い2017（平成29）年7月（**写真6-22**）。分析センター同様に、東海道新幹線の134全編成のATCシステム、駆動系の主変圧器、主変換装置、車体傾斜、台車、パンタグラフなど、各部位の走行中のデータを監視している。「分析センター」がそのデータを主に、日々の運行に支障をきたさないよう活用しているのに対し、「診断センター」はその編成の、次の全般検査に向けてデータを蓄積。検査される編成が、同工場入口の踏切に差し掛かるころには、今回の検査で、どこを重点的に検修すればいいかを把握している。それが検査の完成度をより高め、同時に効率化にもつながっている。

　さらに検査時のデータの蓄積から、その部品がどのような経緯で劣化するのか、また適切な交換時期はいつなのかを割出している。

　状態監視システムを人間に例えると分かりやすい。人体にさまざまな測定器を取付け、心臓の脈拍、血圧、肺活量、内臓の各種データなど身体の隅々まで常時チェックし、医者がそのデータを監視し、異常があればすぐに対処。さらには定期的に「人間ドック」で、CTスキャンや超音波などで、くまなく診ていれば、例え病気にかかっていても早期に発見できる。しかし現在、高齢者だけでも約3,600万人いる中で、これは実現不可能だ。しかし東海道新幹線の車両は全編成134、車両数は2,144両、これならば可能だ。日々の動向を監視し、記録し、定期的に「ドック」に入る。N700Sからは記録するデータの数も飛躍的に向上しその精度を高めている。

　また車両の検査機器も進化している。2021年末現在、浜松工場では66種類、計110台の各種分析器を活用し、車両の配線のコネクタや、配線をチェック。接続不良や素線切れなど、目では見にくい箇所も、いち早く見つけ出している。さらにデジタルマイクロスコープで、車掌の扉スイッチの中をくまなく調べ、接点不良や、異物の混入なども見逃さない。

　車両も機械である限り、故障は免れない。しかし「早期発見」で事故を防ぐことは可能だ。そのために「状態監視システム」のさらなる精緻化が、常に求められている。

写真6-22　車両診断センター（浜松工場、JR東海提供）

第七章

早期に検知し、脱線・逸脱を防ぐ地震対策

新幹線も地震から逃れるわけにはいかない。特に東海道新幹線の沿線では、南海トラフ沿いで想定されている大規模地震のうち、駿河湾から静岡県の内陸部を想定震源域とする、「東海地震」の発生が予想されている。

いつ起こるか分からないが、いつ起きてもおかしくない地震に対しJR東海は、自然災害による事故防止の一環として対策を施している。それは、地震発生をいち早く検知し、列車を安全に止めることからはじまる。

■ 1 地震の「P」波と「S」波

地震の波は「P」波と「S」波に分けられる。大きな地震の場合、最初に「カタカタ」と小さく揺れ、その後「グラグラ」と大きな揺れが襲ってくる。この「カタカタ」が「P」波で、「グラグラ」が「S」波だ。「P」波は進行方向と震動方向が同じ縦波なのに対し、「S」波は進行方向に対して、震動の方向が直行する横波だ。「P」波は地震としてのエネルギーは小さいが伝わる速度は速い。「S」波は大きなエネルギーを持つが、伝わる速度は遅い。地震検知は「P」波で発生を検知し、数秒後に襲ってくる「S」波にどう対処するのかが主眼だ。鉄道も発生を検知したら、速やかに列車を止めるのが基本になる (図7-1)。

東海道新幹線もこの観点から3つのシステムが設置されている。まず遠方で発生する大規模地震を検知し、警報を発する「東海道新幹線早期地震警報システム＜＝テラス＝TERRAS(Tokaido Shinkansen Earthquake Rapid Alarm System)＞」がある。東海道新幹線の沿線を取り巻くように、地上に設置された21箇所の遠方地震計で、地震発生と同時に「P」波を自動解析し、新幹線への影響度

図7-1 地震「P」波と「S」波の概念図（JR東海提供）

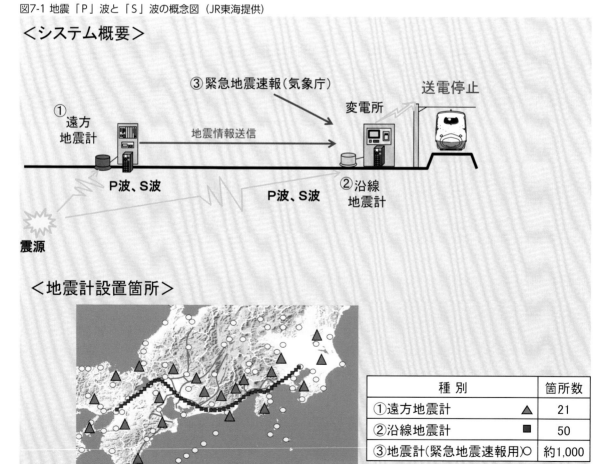

<システム概要>

③緊急地震速報（気象庁）

送電停止

変電所

①遠方地震計

地震情報送信

P波、S波

P波、S波

②沿線地震計

震源

<地震計設置箇所>

種　別		箇所数
①遠方地震計	▲	21
②沿線地震計	■	50
③地震計（緊急地震速報用）	○	約1,000

合いを判断し、必要な場合は警報を発する**（図7-2）**。

次に「沿線地震計」は、沿線の揺れをきめ細かく把握するため、新幹線の50箇所、在来線の39箇所の両沿線に配置。沿線付近を震源とする直下型地震は、「Ｐ」波と「Ｓ」波の到達に時間差は少なくなるが早期警報機能の強化を図っている。

最後に「社外地震情報」の活用がある。気象庁の緊急地震速報、防災科学技術研究所の「海底地震観測網」を使い、日本海溝等、深海を震源とする地震の検知の短縮化を目指す。

これらのシステムが発する警報を受け、地震発生と同時に、変電所からの送電を自動的に停止し、「Ｓ」波が沿線に到達するまでに、可能な限り列車の速度を低下させる。それでも地震発生時に、安全に全ての車両を停止させるのは難しい。2004（平成16）年10月23日に発生した新潟県中越地震では、上越新幹線の浦佐駅（新潟県）〜長岡駅（同）間で減速走行中の列車が脱線。停止時には10両中8両がレールから逸脱した。これを受け、JR東海は東海道新幹線の地震対策として、前述の早期検知で、列車を速やかに止めることに加え、「構造物及び軌道の耐震強化」、「脱線そのものの防止」、そして、「脱線した場

合、線路からの逸脱を防ぐ」、4つの基本的な対策を施している。

東海道新幹線はほぼ全線が、バラスト軌道で、地震で路盤に大きな影響を受ける可能性もある。このためバラスト軌道の外側に壁を設けるか、繊維シートでバラストをくるんだジオテキバックを置き、バラストの流出を防ぐ**（図7-3）**。さらに盛土に対しては、法面に鋼鉄の棒を打ち込み、コンクリートで補強するなど、盛土そのものの沈下を防いでいる**（図7-4）**。また道路等と立体交差している所では、橋梁部分にズレが生じる可能性もある。そのため付け根部分を補強し、橋桁の落下を防ぐ対策なども施されている。高架橋も地震の際に揺れを拡大させる可能性がある。そこで家屋でも施されるような、Ｘ型の筋交いを入れ、揺れを抑えるとともに、隣り合った高架橋のズレを防ぐ**（図7-5）**。

路盤が強化されれば、列車が脱線を免れるわけではない。中越地震の現場も、少なくとも列車が通過する前には軌道そのものに、脱線を誘引するような損傷はなかった。しかし高架橋で増幅された地震の揺れで、左右の車輪が交互に浮き上がる状態での走行が続いた。その過程で片側の車輪がレールから

図7-2 テラス検知点設置箇所（JR東海提供）

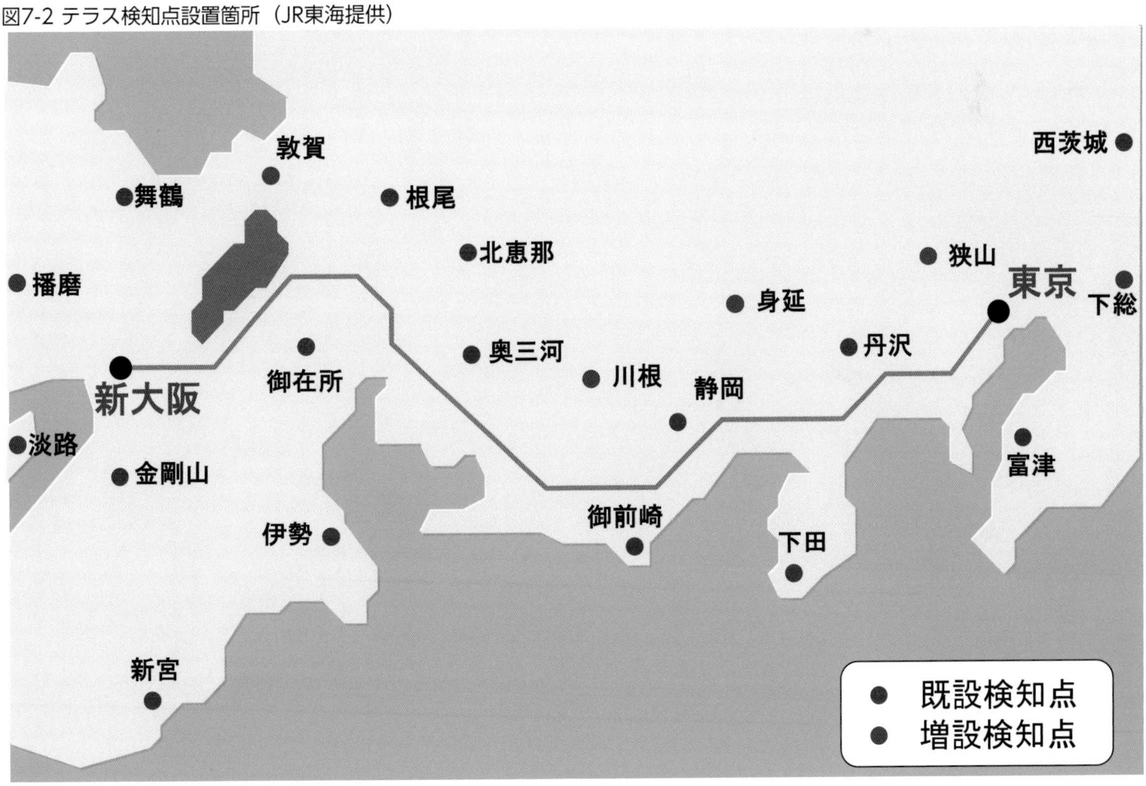

凡例：
● 既設検知点
● 増設検知点

地図上の地点：西茨城、敦賀、舞鶴、根尾、狭山、北恵那、東京、下総、播磨、身延、丹沢、新大阪、御在所、奥三河、川根、静岡、富津、淡路、金剛山、御前崎、下田、伊勢、新宮

図7-3　バラスト軌道の対策（JR東海提供）

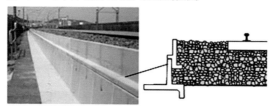

鉄筋コンクリート製バラスト止め

ジオテキバッグ製バラスト止め

地震時の土木構造物に生じる大きな変位を抑制

図7-4　盛土の対策（JR東海提供）

張りコンクリート　　地山補強土工

のり面　　　　　　　　　　　　のり面

盛土

アンカー

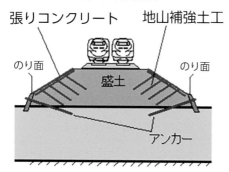

橋台裏注入

盛土

橋桁

橋台

翼壁

盛土

翼壁補強工

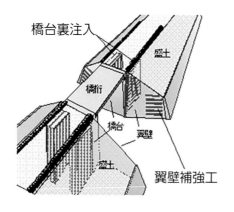

図7-5　高架橋の対策（JR東海提供）

水平目違い

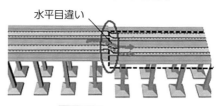

PC鋼棒

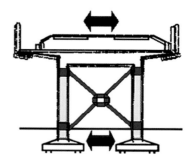

X型ブレース工法

浮き上がり、同時に反対側の車輪がレール上を横に滑り、輪軸全体が横に移動。浮いていた車輪が下降するときに、そのフランジがレール上に乗り、そのまま横に滑るように脱線する、ロッキング脱線と呼ばれる現象が起きたと考えられている。これを防ぐには、輪軸全体の、横方向の動きを止めることが有効だ。そこで考え出されたのが、レールの内側に並行して敷設する「脱線防止ガード」だ。この設置により地震発生時に、車両が大きな左右動を受け、片方の車輪がレールから浮き上がり横に動こうとして

も、反対側の車輪のフランジの内側がガードとあたり、横方向への動きを抑えることで、脱線を防ぐことができる（**図7-6、写真7-1**）。

2009（平成21）年から施工が開始された。まず「東海地震」の発生時、強く長い振動が想定される、三島駅（静岡県）から豊橋駅（愛知県）の124キロ（上下線別の軌道延長248キロ）、さらには高速で通過する、分岐器やトンネルの手前などを中心に、2020（令和2）年度末時点で、軌道延長にして約667キロの設置が完了している。さらに2028年度末を目途に、

図7-6　ロッキング脱線に対する脱線防止ガードのメカニズム（JR東海提供）

①軌道が右側に動く フランジがレールと接触

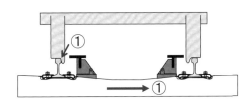

②右側の車輪が上昇

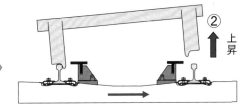

上昇

③次に軌道が左側に動く

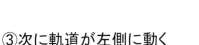

下降

④脱線防止ガードが左側の車輪に 接触し、左右の動きを止める （脱線を防止する）

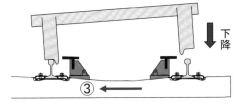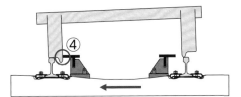

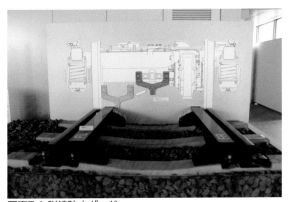

写真7-1 脱線防止ガード

本線の残りすべてに加え、副本線および車両基地までの回送線等を加えた、全線（軌道延長1,069キロ）への敷設を予定している。

■ 2 対向列車との衝突を避ける逸脱防止ストッパ

しかし地震対策に完全はない。脱線防止ガードを飛び越えるほどの、揺れが来ない保証もない。そこで考え出されたのが「逸脱防止ストッパ」だ。ボルスタレス台車は中央部に、車体とつながる、一本リンクと呼ばれる部分がある。そこに下向きの突起物を取付ける。万が一、脱線した場合、この突起が脱線防止ガードの内側にあたり、車両が軌道から大きく外れるのを防ぎ、高架橋からの転落など被害の拡大を抑える。また、鉄道にとって最も怖い対向列車との衝突を可能な限り防止する意図もある（**図7-7、写真7-2**）。

幸いなことに、東海道新幹線は開業以来、大きな地震に遭遇していない。1995（平成7）年の阪神・淡路大震災も発生時間は、列車が動き出す前の午前5時46分で、難を逃れている。それでは、脱線防止ガードも、逸脱防止ストッパもその効力が実証されていないのか。愛知県小牧市のJR東海総合技術本部技術開発部（小牧研究施設）（**写真7-3**）が中心になって、5年間に渡る実験やシミュレーションでその効能を検証している。

同研究施設は2002年、総合技術本部の発足と同時に開設された。「愛知学術研究開発ゾーン」の森の中に研究棟、実験棟などが点在する。鉄道の技術開発は主に、「車両、線路、架線など現物における現象把握」、「理論解析とシミュレーション」、「試験装置による検証」の3つに集約できる。同研究施設では、

図7-7 逸脱防止ストッパの概要（JR東海提供）

【目　的】 万一脱線した場合、車両の逸脱を極力防止する。（二重系の対策）

【効　果】 万一脱線した場合、脱線防止ガードの背面で逸脱防止ストッパをガイドし、車両が線路から大きく逸脱するのを防止する。

逸脱防止ストッパ

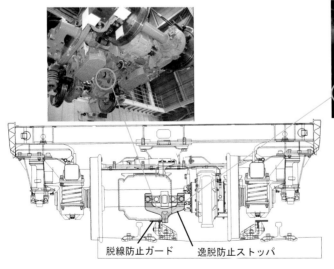

脱線防止ガード　　逸脱防止ストッパ

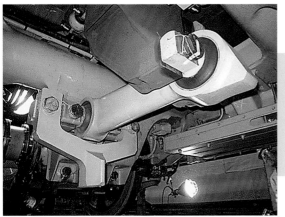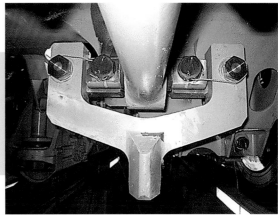

写真7-2　逸脱防止ストッパ(JR東海提供)

写真7-3　小牧研究施設（JR東海提供）

このうちの「試験装置による検証」に主眼を置き開設以降、暫時大型試験装置を導入してきた。その中で地震対策も研究対象で、JR東海ならではの「脱線・逸脱防止対策」には、主に3つの装置で検証を重ねている。

実際に使われている台車で試すのが加振試験だ。他社の実験装置上にバラスト軌道を作りN700系のボルスタレス台車を置き、その上に実際の車両と同じ重さを加える。想定される約500通りの地震の揺れを加え、ロッキング脱線の状況と、その時の脱線防止ガードの効果を検証する。その結果、脱線防止ガードが有効に働いていることが確認できた。その後、小牧に移って車両の5分の1の模型車両でも5,000通りの加振試験も行ったが、いずれも輪軸は停止した状態だった。そこで同10分の1の模型をレールに相当する軌条輪に載せ、車輪を回転させて検証、ここでも地震時の脱線の原因が「ロッキング」であり、それに対し脱線防止ガードが有効に作用することが分かった。しかし実物の車両が走行状態で地震に遭遇する実験はできなかった。それを可能にしたのが「車両走行試験装置」だ。

レールに相当する軌条輪の上に、本物のN700系の中間車両1台を設置し、車両の電動機で時速350キロ、軌条輪で直接駆動すれば同500キロまでの走行状態を再現できる。軌条輪、台車、車体などに、さまざまな人工的な振動を与え、軌道狂い、トンネル内や、対向車とのすれ違い時などの状況を作り出し、だ行動を実際に起こすこともできる。

これまでも軌条輪に振動を与えることができる装置はあった。その中で同装置の特筆すべき部分が地震の再現だ。軌条輪が左右にプラスマイナス300ミリと、大きな地震を想定した揺れを、台車や車体に作用させる装置は世界でも類を見ない。同装置での試験で車両が時速150キロで走行中に、脱線するほどの揺れを与えると、車体が大きくローリングしながら、車輪はロッキングを繰り返し、フランジがレール頭面に乗るが、脱線防止ガードが、反対側の車輪に作用することが確認できた。

同装置は地震対策だけで作られたわけではない。自動車はテストコースなどで実際に衝突させるなど、事故を想定した破壊試験もできる。しかし鉄道車両は本線上で事故を再現することは不可能だ。しかし同装置なら高速走行時の部品などを壊れた状態で走らせて、車両部品の耐久性や不具合に至る前兆をとらえる研究など、新たな開発に向けた「限界」を探ることができる装置でもある（**写真7-4**）。

写真7-4　車両走行試験装置

■ 3　東海道新幹線ならではの課題に取り組む、小牧研究施設

　鉄道関係の研究施設と言えば、JR総研がある。前身の国鉄の鉄道技術研究所時代から長い歴史をもち、日本の鉄道の技術開発に大きく貢献してきた。新幹線に関しても、東海道新幹線の開業前の1957（昭和32）年、「東京～大阪間3時間運転への可能性」と題する講演会を開き、初めて電車による高速鉄道の構想を世に発表するなど、その縁は深い。国鉄の分割民営化後も公益財団法人として、JR各社の求めに応じ研究を続けている。しかし国鉄も7社に分割されたことで、それぞれの会社が抱える課題も多様化し、JR総研だけでは対応しきれないところも出てきた。中でも東海道新幹線は世界に先駆けて誕生した高速鉄道だけに、曲線の最小半径が2,500メートル、ほぼ全線がバラスト軌道など、その後に敷設された内外の高速鉄道に比べ課題も多く、それだけに独自の研究開発が求められるようになった。そこで小牧研究施設が開設された。

　同施設は車両走行試験装置の他に、「安全・安定輸送の追求」、「東海道新幹線の利便性・快適性の向上」、「メンテナンス・業務運営の刷新」を柱に、電車線の電線や金具などの振動耐久性を確実かつ効率的に検証する、架線振動試験装置や、電車線試験装置のほか、高速走行する際に生じる力や振動を再現し、線路の特性などを研究する、移動式載荷試験車、走行によって土木構造に生じる疲労の影響を試験する、多軸式列車荷重模擬載荷試験装置など、数多くの試験装置を持つ。紙幅の関係で全てを紹介するのは無理だが、本書の内容と大きく関係しているのが次の2つだ。

　まず「車両運動総合シミュレーター」。鉄道車両の快適性を研究するための、世界初の実験装置だ。2人掛けと3人掛けの座席が3列ながら、N700系の客室を寸分違わず再現された車内は、油圧装置によって左右、上下、前後に加え、ローリング、ピッチング、ヨーイングの計6方向に動き、床下には走行時の振動を再現する装置まで付く。窓の外に目を転じるとコンピューターグラフィックスの風景が後ろへ流れ、走行音も聞こえてくる。装置そのものをレール上で移動させることもできる（**写真7-5**）。

写真7-5　車両運動総合シミュレーター

乗り心地は極めて主観的なもので、乗客によってその感じ方も異なる。また走行中のある瞬間に大きな揺れを感じたとしても、実際に言葉で説明するのも難しい。しかしこの装置ならば、N700A、N700Sなどの、走行中のデータを同シミュレーターのシステムに組み込めば、同じ動きや揺れを車内で体感できる。例えばある乗客から、大きな横揺れがあったとの苦情があったとき、乗車した列車が特定できれば、検証することもできる。さらに外国の高速列車の乗り心地も、データさえ入手できれば、体感できる。もちろんこの装置は苦情処理が目的ではない。この装置でこれからの高速鉄道に相応しい乗り心地についての、研究が進められている。

鉄道事業者としては国内初の設備もある。「低騒音風洞」だ。車両走行時の空力騒音や、空気抵抗などは、速度の向上とともに顕著になり、沿線環境などに影響を与える。この空気力学的現象を解明するには現車による試験、数値シミュレーションに加え、風洞実験がある。中でも風洞は現車試験と比べ、条件設定が容易で、信頼性の高いデータが得られる。ここの装置は時速350キロまでの、高速での試験ができるが、装置そのものから発する音が小さいのも特徴のひとつだ。無響音室での試験は、車両のパーツなら3分の1から5分の1、パンタグラフを含む屋根上全体ならば3分の1のスケールモデルの設置が可能で、音源探査用マイクロホンで騒音の発生源を調べ、形状による空気抵抗の違いなどのデータを取得し、より低騒音で省エネルギーな車両の開発を目指す。この風洞からすでに、N700Sに至るまでの各種先頭形状、そしてパンタグラフなども誕生している（**写真7-6**）。

写真7-6　低騒音風洞（JR東海提供）

終章

システムで築く、地球環境への配慮

東京〜新大阪間、2時間半への挑戦は、都市化が進む中、いかに周辺への振動と騒音を抑えるかが、問われ続けた戦いでもあった。それは、鉄のレールの上を、鉄の車輪が転がる、鉄道の宿命でもあるが、同時にその構造故に、鉄道は環境にやさしい移動手段でもある。

地球温暖化がもたらす気候変動が、徐々に我々の生活にも影響を及ぼしつつある。その要因の一つが、温室効果ガス、中でも人間の生産活動に伴う、二酸化炭素（CO_2）の排出量の増大に有ると言われている。国土交通省のまとめによると、2019（平成31）年度、日本のCO_2排出量は11億800万トンで、そのうち運輸部門が占める割合は18.6％の2億600万トンだ。このうちの86.1％、日本全体の16.0％は自動車が排出している。これに対し鉄道は、エネルギー効率が高く、公共交通機関全体で、旅客の輸送人員の8割近くを担っているにもかかわらず、CO_2の排出量は、運輸部門全体の3.8％、787万トンに留まっている（図8-1）。

また、輸送量あたりの排出量を旅客部門だけで見ると、乗用車の8分の1、航空機の6分の1でしかない。それでもさらなる排出量の削減につながる、エネルギー消費のより効率化への努力は続く。東海道新幹線でみても、100系までと比べ、300系以降の電力消費量は大幅に改善されている。その要因は車両の軽量化と走行抵抗の低減、前照灯ならびに客室内の照明のLED化などに加え、回生ブレーキの導入も大きい。100系までは、電気ブレーキで発電しても、大きな抵抗器で熱に変換していた。しかし300系以降は、その電気を架線に返すことで、エネルギー効率は一段と向上した。自動車のハイブリットなどもブレーキ時に発電をしているが、その電気は自車のバッテリーに貯めるだけだ。それに対し、鉄道は架線を介し他車を動かすことができる。

JR東海の計算では、2020年7月に営業運転を開始したN700Sは、東京〜新大阪間を最高速度285キロで走行した時の、総エネルギー消費量は、同270キロの300系より28％。N700Aに対しても6％、それ

図8-1　運輸部門における二酸化炭素排出量（国土交通省HPより）

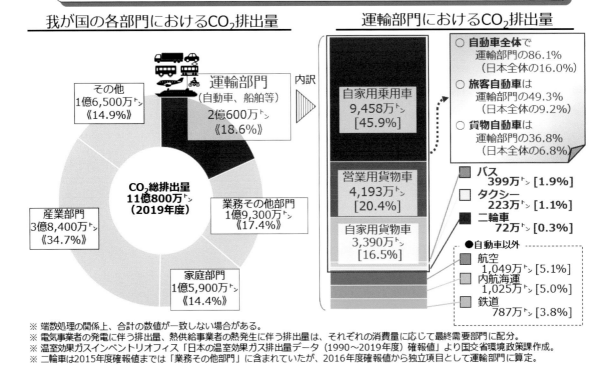

※ 端数処理の関係上、合計の数値が一致しない場合がある。
※ 電気事業者の発電に伴う排出量、熱供給事業者の熱発生に伴う排出量は、それぞれの消費量に応じて最終需要部門に配分。
※ 温室効果ガスインベントリオフィス「日本の温室効果ガス排出量データ（1990〜2019年度）確報値」より国交省環境政策課作成。
※ 二輪車は2015年度確報値までは「業務その他部門」に含まれていたが、2016年度確報値から独立項目として運輸部門に算定。

ぞれ削減している。さらに1964（昭和39）年、開業当時の0系と、同区間を同じ速度で走ると、半分以下になるという（**図8-2**）。

　鉄道の優れたエネルギー効率は、高性能の車両だけがもたらすものではない。架線、軌道などの地上設備、信号システム等がなければ、乗客を運ぶことはできない。しかし、これらの施設が整っていても、まだ不十分だ。運転、運行管理、保線などを担う人の力も不可欠だ。よりよいものを提供するための、教育も欠かすことはできない。鉄道は設備と人が一体化することで初めて「システム」として機能する。安全性の確保もしかり。車両と軌道の整合性が保たれ、それを取り扱う人間の、一つひとつの作業がルール化され、手順を誤らないことで、列車は無事に目的地に到達する。さらに高速鉄道を支えているのが、鉄道経営の一元管理だ。

　近年、経営に苦しむ地方のローカル線などで、「上下分離」という言葉がよく聞かれる。同じ公共交通でも、バス会社は道路を作らず、保守・管理もしない。飛行機会社と飛行場、船舶会社と港もしかり。それぞれ利用するにあたり、直接、間接に対価を支払っ

てはいるが、保持はしてはいない。これに対し鉄道は、線路、車両、駅など、関連するすべて施設を自前で作り、自己の責任で管理し、かつ経営を黒字にしなければならない。これがローカル線に重くのしかかり、路線廃止の一つの原因にもなっている。そこで浮上してきたのが「上下分離」という考え方だ。

　線路、駅施設などの「下」は、道路のように国、地方自治体などが管理し、鉄道会社は、車両など、線路の「上」にある部分だけを賄うことで、かかる経費を抑え、経営を続けていける、という考え方で、すでに、日本でも導入されているところはある。

　しかし、もしJR東海が民営化されたとき、上下分離方式だったら、30年間で300系はもとより、N700Sまで開発できたかは疑問だ。新しい車両を世に送り出すためには、車両関係の技術者はもちろん、線路、信号などの専門家の力は欠かせない。それが別会社や公共機関では、これほど迅速に結果を出すことができたのだろうか。JR東海という、1つの鉄道システムが「のぞみ」をもたらした、ともいえそうだ。

図8-2　東海道新幹線の車種別電力消費量の比較（JR東海提供）

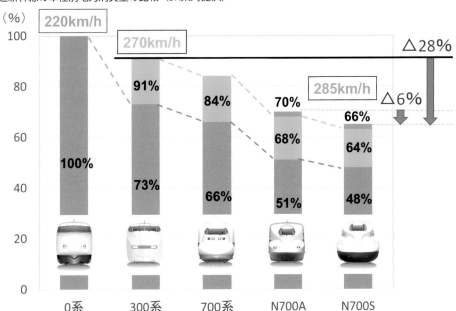

300系以降、車体の軽量化、回生ブレーキ導入、走行抵抗低減などにより、電力消費量が大幅減

＊東京〜新大阪下りを図表内の最高速度で走行した場合のシミュレーション

おわりに

　国鉄の分割・民営化から、あと数年で40年を迎えます。その間の各社の動向その他を顧みると、必ずしも思惑通りに事が運んでいるとは思えない事象も、みられるようです。その中で、東海道新幹線の高速化は、民営化がもたらした功績のひとつといえそうです。

　国鉄は東海道新幹線の成功を糧に、その後、山陽、東北、上越と列島の新幹線網を構築していきました。その間、高速化への技術開発を続け、民営化の直前には時速270キロを記録しています。しかし、当時を知る人にお話しをお聞きすると、国鉄の新幹線の高速化に対する基本は、山陽、東北で、東海道は最高速度時速220キロと、10キロ引き上げ、到達時間も2時間56分と3時間を切った時点で、「これ以上は無理」と考えられていたようです。しかし、分割・民営で誕生したJR東海は、東海道新幹線の収益が、会社経営に直結する会社ですから、「無理」では済みませんでした。ここから、2時間半列車開発の物語がはじまります。

　JR東海には、いつからか語り継がれている格言があります。「部分の最適化は全体の悪魔である」。自分の我だけを通さず周りのことを考え、全体のシステム構築を優先する考えが、これまで経験したことがない、軽い車両を現実の

ものにしたといえそうです。

　取材中にこんな言葉も。「300系の開発時は世の中バブルだったが、その間の数年間、どんな曲が流行し、どんな言葉がはやっていたのかなど、世間の動向は、まったく記憶がない」。新しい車両の開発に没頭するあまりでしょう。東海交通機械の上野　雅之社長からお聞きした一言です。

　上野社長は2021年6月まで、JR東海の執行役員を勤められ、本文中にもある幹事会の一員として、東京～新大阪間、2時間半のランカーブを書かれるなど、300系から、N700Sまで、JR東海が開発したすべての車両に関わられてきました。

　また、今回の取材は同社の森村　勉、関　雅樹両氏が書かれた「東海道新幹線　全編成270km/h化への技術の歩み」を目にしたことがきっかけとなりました。

　続く執筆にあたってはJR東海の多くの方々からお話しをお伺いいたしました。記者が担当者からお話しをお聞きする、いわゆる取材ですが、一般の読者の方々はまずテレビで流れる記者会見を連想されるのではありませんか。一昔前は会見の様子が公開されることは滅多にありませんでした。記者は「黒子」的な存在で表に出る

こともなく、読者の方々とのつながりは個々の記事、もしくは編集されたニュース映像のみでした。しかし最近の映像化社会では、テレビやネットワークで総理大臣や、大谷　翔平選手などの会見映像が同時進行で流れます。そこで記者が質問、言い換えれば取材している姿を見られるのは当たり前の光景になりました。

　個々の取材でも基本的には記者が聞き、取材に関する項目を担当される方が答える、ここまでは記者会見と一緒です。それが大きく異なるのは、記者会見では、一人の記者ができる質問は通常は1問、多くても2～3問です。しかし1対1、もしくは対象の方が複数でも、記者が1人でお話しをお伺いする場合は、その対象の方が担当されている項目について、記事が書けるまで、とことんお聞きしなければなりません。そのため取材時間が3時間、4時間と長くなることもしばしばでした。その場所も本社の会議室から、研究所の施設内、工場の現場など多岐にわたりました。その多くの時間の中でお聞きした事実の中から、記者が、これは是非、読者の方々にお伝えしたいと思うことを原稿にし、図、写真とともにまとめたのが本書です。

　そんな取材にお付き合いいただいた方々を順不同で、お名前だけを書かせていただきます。

副島　廣海氏、森村　勉氏、

石川　栄氏、田中　守氏、

岡田　義氏、磯貝　浩昭氏、

西村　浩一氏、岡嶋　達也氏、

田邊　幸司氏、西村　恭一氏、

田中　英允氏、足立　昌仁氏、

天野　満宏氏、岡田　章氏、

小林　直貴氏。

　最後に、東海鉄道事業本部車両部、水津　亨担当部長、総合技術本部技術企画部、髙橋　寛之担当課長には、企画段階から、取材の段取りまでお世話になりました。この場をお借りして、お世話になった皆様共々心から御礼申し上げます。

　また、書籍化にあたり、交通新聞クリエイトの大蔵　伸朗氏にご尽力いただき、ありがとうございました。

　　　　　　　　　　　　　青　田　　孝

参考文献

葛西　敬之　「国鉄改革の真実」（中央公論新社　2007年7月10日）
　　　　　　「飛躍への挑戦」（ワック社　2017年3月30日）

佐藤　芳彦　「新幹線テクノロジー」（山海堂　2004年3月18日）

日本機械学会編　「鉄道車両のダイナミクス」（電気車研究会　1994年12月）

須田　寛　「東海道新幹線Ⅱ」（JTBキャンブックス　2003年12月15日）
　　　　　　「東海道新幹線50年」（交通新聞社　2014年3月22日）

宮本　昌幸　「ここまできた！鉄道車両」（オーム社　1997年3月30日）

下前　哲夫／真鍋　克士／網干　光雄
　　　　　「新幹線の連続アークはどのようにして解消されたのか」
　　　　　（2008年2月　㈳日本鉄道電気技術協会）

リニア・鉄道館　「リニア・鉄道館」（交通新聞社　2011年3月14日）

　　　　同　　　「ありがとう300系」（東海旅客鉄道　2012年3月1日）

　　　　同　　　「東海道新幹線の誕生」（交通新聞社　2019年5月31日）

　　　　同　　　「東海道線新幹線の進化」（JR東海　2019年3月20日）

ポール・セール　「鉄道大バザール」（阿川　弘之訳　講談社文芸文庫　1984年6月）

森村　勉　「300系新幹線電車の開発の経緯と車両の特徴」
　　　　　（交通機械協会「車両と機械」　1990年4月　第4巻　第4号　通巻475号）

森村　勉／関　雅樹
　　　　　「東海道新幹線　全編成270km/h化への技術の歩み（その1）」
　　　　　（日本鉄道技術協会　JREA　2003年5月号　第46巻　第5号）

　　　　　「東海道新幹線　全編成270km/h化への技術の歩み（その2）」
　　　　　（日本鉄道技術協会　JREA　2003年6月号　第46巻　第6号）

　　　　　「東海道新幹線　全編成270km/h化への技術の歩み（その3）」
　　　　　（日本鉄道技術協会　JREA　2003年7月号　第46巻　第7号）

森村　勉　「新しい時代に入る東海道新幹線（上）（下）」
　　　　　（IEEJ　journal　2003年10月号〜11月号　第123巻　第10〜11号）

　　同　　　「最近の技術開発について思うこと−状態監視システムの実現に向けて−」
　　　　　（日本鉄道技術協会　JREA　2008年1月号　第51巻　第1号）

岡本　勲　「新幹線高速化のための走行安定性の向上」
　　　　　（日本鉄道技術協会　JREA　1995年4月号　第38巻　第4号）

石川　栄　「交流電動機制御の開発の頃−300系コンバータ・インバータシステムの開発−」
　　　　　（「鉄道車両と技術」2007年12月号　第13巻　第9号　通巻136号）

萩原　善泰　「電気鉄道車両における交流電動機駆動方式の発展」
　　　　　（電気学会誌　2001年7月　第121巻　第7号）

木俣　政孝　「300Ｘ開発計画の目指すもの」
　　　　　（鉄道車両と技術　1995年8月号　第1巻　第1号　通巻1号）

伊藤　順一　「解説　東海道新幹線の新ATCについて」
　　　　　　　（電気学会誌　2002年6月　第122巻　第6号）

石津　一正　「JR東海300Ⅹ新幹線高速試験車両（955形）の概要【1】」
　　　　　　　（鉄道車両と技術　1996年1月号　第2巻　第1号　通巻6号）

北山　　茂　「JR東海300Ⅹ新幹線高速試験車両（955形）の概要【2】」
　　　　　　　（鉄道車両と技術　1996年2月号　第2巻　第2号　通巻7号）

上林賢治郎／山本　勝雄
　　　　　　　「JR東海300Ⅹ新幹線高速試験車両（955形）の概要【3】」
　　　　　　　（鉄道車両と技術　1996年3月号　第2巻　第3号　通巻8号）

山田　章二　「300Ⅹにおける走行試験データ解析の方法」
　　　　　　　（鉄道車両と技術　1996年4月号　第2巻　第4号　通巻9号）

伊藤　順一　「700系新幹線電車（量産先行車）の概要（1）」
　　　　　　　（鉄道車両と技術　1997年12月号　第3巻　第12号　通巻29号）

阿彦　雄一／小林　学志
　　　　　　　「700系新幹線電車（量産先行車）の概要（2）」
　　　　　　　（鉄道車両と技術　1998年1月号　第4巻　第1号　通巻30号）

梶村　昭仁／糸山　雅史／東尾　英明
　　　　　　　「700系新幹線電車（量産先行車）の概要（3）」
　　　　　　　（鉄道車両と技術　1998年2月号　第4巻　第2号　通巻31号）

田中　英允／萩原　善泰／上野　雅之
　　　　　　　「700系新幹線電車（量産先行車）の概要（4）」
　　　　　　　（鉄道車両と技術　1998年4月号　第4巻　第4号　通巻33号）

上野　雅之／河合　竜太／伊藤　　一
　　　　　　　「700系新幹線電車（量産先行車）の概要（5）」
　　　　　　　（鉄道車両と技術　1998年6月号　第4巻　第6号　通巻35号）

上野　雅之／戸田　慎一
　　　　　　　「700系新幹線電車（量産先行車）の概要（6）」
　　　　　　　（鉄道車両と技術　1998年7月号　第4巻　第7号　通巻36号）

上野　雅之／吉澤　一博
　　　　　　　「700系新幹線電車（量産先行車）の概要（7）」
　　　　　　　（鉄道車両と技術　1998年8月号　第4巻　第8号　通巻37号）

上林賢治郎　「700系新幹線電車（量産先行車）の概要（8）〜（11）」
　　　　　　　（鉄道車両と技術　1998年9月号〜11月号　第4巻　第9号〜11号
　　　　　　　　　　　　　　　　　1999年1月号　第5巻　第1号
　　　　　　　　　　　　　　　　　通巻38、39、40、42号）

佐藤　信博　「いまベールを脱ぐN700系の真価に迫る！」
　　　　　　　（イカロス出版　新幹線エクスプローラ　2006年11月20日　第1号）

三輪　昌弘／中川　正樹／難波広一郎
　　　　　　　「東海道新幹線の乗り心地向上に向けた技術開発」
　　　　　　　（日本鉄道技術協会「JREA」　2008年1月号　第51巻　第1号）

西村　誠一／仲田　摩智
　　　　　「鉄道技術開発物語　空気バネ台車の開発−（3）」
　　　　　（レールアンドテック社「鉄道車両と技術」2004年6月号　第10巻　第6号　通巻97号）

上野　雅之／菊野　　敏
　　　　　「東海道新幹線車両のブレーキ粘着技術」
　　　　　（日本鉄道技術協会　JREA　2004年5月号　第47巻　第5号）
　　　　　「東海道新幹線車両の最新ブレーキ粘着技術」
　　　　　（日本鉄道技術協会　JREA　2011年5月号　第54巻　第5号）

上野　雅之　「省エネルギー化へ向けて走る新幹線＜N700系＞」
　　　　　（日本機械学会「先端事例から学ぶ機械工学　増訂版実践／基礎連動型ハイブリット
　　　　　講座テキスト」2013年1月）

上野　雅之　「電力変換器の小型軽量化が新幹線の進化の歴史」
　　　　　「SiC採用の次世代新幹線＜N700S＞が誕生（前編）」
　　　　　（日経BP「日経エレクトロニクス　2017年9月号　通巻1183号）
　　　　　「SiC採用の次世代新幹線＜N700S＞が誕生（後編）」
　　　　　（日経BP「日経エレクトロニクス　2017年10月号　通巻1184号）
　　　　　「進化したN700S車両と今後の車両開発展望」
　　　　　（日本鉄道車両工業会「車両技術261号」2021年3月）

福島　隆文／藤井　　忠／谷山　紀之／須山　哲宏／大塚　智広
　　　　　「JR東海　N700S量産車」
　　　　　（日本鉄道車両工業会「車両技術261号」2021年3月）

中上　義幸　「新型新幹線車両N700Sの概要」
　　　　　（運転協会誌　2020年12月　第62巻　第12号　通巻738号）

鉄道ジャーナル　「N700S　デビュー」
　　　　　　　（鉄道ジャーナル　2020年9月号　第54巻　第9号　通巻647号）

足立　昌仁　「新潟県中越地震後の東海道新幹線の脱線・逸脱防止対策について」
　　　　　（日本鉄道車両工業会「鉄道車両工業」2012年1月号　通巻461号）

中村　英夫　「鉄道信号システムの革新」
　　　　　（情報処理学会　情報処理　2014年3月号　第55巻　第3号）

足立　昌仁／森村　　勉／西村　和彦／曄道　佳明
　　　　　「軌条輪上での実台車加振実験による鉄道車両の地震時脱線メカニズムの検証」
　　　　　（日本機械学会論文集　2013年12月　第79巻　第808号）

JR東海　総合技術本部技術開発部
　　　　　「新潟県中越地震後の東海道新幹線の地震対策―脱線・逸脱防止対策（1）〜（4）」
　　　　　（JREA　2010年1月〜4月　第53巻第1〜4号）

朝日新聞、毎日新聞、読売新聞、日本経済新聞

JR東海技報

JR東海　各種ニュースリリース

■東海道新幹線略年表

1957（昭和32）年
- 5月30日　東京・銀座のヤマハホールにて
　　　　　「東京〜大阪間3時間運転の可能性」講演会

1958（昭和33）年
- 11月1日　東京〜神戸間に特急「こだま」運転開始

1959（昭和34）年
- 4月20日　静岡県の新丹那トンネル東口で、東海道新幹線起工式

1962（昭和37）年
- 6月23日　新幹線のモデル線が神奈川県の大磯〜鴨宮間で一部完成

1964（昭和39）年
- 7月25日　東海道新幹線、東京〜新大阪間初の直通試運転実施（所要10時間）
- 8月25日　「ひかり」ダイヤによる東京〜新大阪間初の試運転（所要4時間）
- 10月1日　東海道新幹線東京〜新大阪間開業

1965（昭和40）年
- 11月1日　最高速度を時速210キロに。
　　　　　東京〜新大阪間、「ひかり」は3時間10分運転、「こだま」は4時間に

1969（昭和44）年
- 3月31日　951形試験車試運転を開始

1970（昭和45）年
- 2月25日　「ひかり」編成16両化完成

1972（昭和47）年
- 3月15日　山陽新幹線　新大阪〜岡山間開通
- 6月29日　「こだま」編成16両化開始

1973（昭和48）年
- 7月9日　961形試験車試運転開始
- 9月1日　東京の大井車両基地開設

1974（昭和49）年

- 9月5日　「ひかり」の食堂車が営業開始
- 10月31日　ドクターイエロー　922形電気軌道総合試験車が完成

1975（昭和50）年

- 3月10日　山陽新幹線　岡山〜博多間開通　最高6時間56分で運行

1981（昭和56）年

- 9月27日　フランス・TGV南東線部分開業　最高時速260キロ運転を開始

1982（昭和57）年

- 6月23日　東北新幹線　大宮〜盛岡間開業
- 11月15日　上越新幹線　大宮〜新潟間開業

1985（昭和60）年

- 10月1日　100系が営業運転を開始

1987（昭和62）年

- 4月1日　国鉄分割・民営化　東海旅客鉄道（JR東海）が誕生

1988（昭和63）年

- 1月28日　第1回「速度向上プロジェクト委員会」
- 3月13日　青函トンネルが開業
- 5月24日〜　0系による軽軸重試験
- 9月21日　経営会議　新幹線の速度向上について意思決定

1990（平成2）年

- 3月8日　300系量産先行試作車　試運転開始

1991（平成3）年

- 2月28日　300系が試運転で、当時国内最高の時速325.7キロを記録
- 6月20日　東北・上越新幹線が東京駅発着に
- 12月6日　2時間半列車の愛称を「のぞみ」と発表

1992（平成4）年

- 3月14日　東京〜新大阪で「のぞみ」の運転を開始
　　　　　　最高速度270キロ運転で2時間半を達成

1993（平成5）年

- 3月18日　「のぞみ」が1時間1本に　同時に博多までの運行を開始
- 5月27日　300系　「ローレル賞」受賞

1996（平成8）年

- 7月26日　300X（955形）が米原～京都間で、当時の国内最高速度の時速443キロを記録

1997（平成9）年

- 10月1日　北陸新幹線高崎～長野間開業
- 10月27日　700系量産先行試作車試運転開始

1999（平成11）年

- 3月13日　700系の「のぞみ」運転開始
- 9月18日　東海道新幹線における、0系の運用が終了

2003（平成15）年

- 9月16日　東海道新幹線における、100系の運用が終了
- 10月1日　品川駅が開業。全列車の最高速度を時速270キロに統一し「のぞみ」中心のダイヤに

2006（平成18）年

- 3月18日　東海道新幹線に新ATCシステムを導入

2007（平成19）年

- 7月1日　N700系の「のぞみ」が運転を開始　東京～新大阪間は2時間25分に

2008（平成20）年

- 10月26日　N700系　「ブルーリボン賞」を受賞

2009（平成21）年

- 10月　　　東海道新幹線の脱線・逸脱防止対策を開始

2010（平成22）年

- 3月13日　東海道・山陽直通の定期「のぞみ」が全列車N700系に

2011（平成23）年

- 3月12日　九州新幹線鹿児島ルート、博多～鹿児島中央間開業
- 3月14日　リニア・鉄道館が開館

2012（平成24）年

- 3月16日　東海道・山陽新幹線で300系の運用が終了

2013（平成25）年

- 2月8日　N700A「のぞみ」運転開始

2015（平成27）年

- 3月14日　東海道新幹線N700A及びN700系の最高速度を時速285キロに
　　　　　東京～新大阪間最速2時間22分に
　　　　　北陸新幹線、長野～金沢間開業

2019（令和元）年

- 5月24日　N700S確認試験車速度向上試験
　　　　　（営業車仕様の車両として過去最高速度時速360キロを記録）

2020（令和2）年

- 7月1日　N700Sの運転を開始

2012（平成24）年3月16日。ありがとう300系出発式（東京駅）　2012（平成24）年3月16日。ありがとう300系引退式（新大阪駅）

300系車体側面に掲出されたロゴマーク

【著者略歴】

青田 孝（あおた　たかし）

日本大学生産工学部機械工学科で鉄道車両工学を学ぶ。卒業研究で1年間、国鉄の鉄道技術研究所で研修。卒業後、毎日新聞社入社、編集委員などを歴任後退社。以後、日本記者クラブ会員として、フリーランスの立場で執筆活動を続けている。著書は「鉄道を支える匠の技」(交通新聞社新書)、「トコトンやさしい電車の本」(日刊工業新聞社)など。

東海道新幹線「のぞみ」30年の軌跡
～この車両を作らなければ、未来はない～

2022年2月1日　初版発行

著　者──青田　孝
発行人──横山　裕司

編　集──交通新聞クリエイト株式会社
発行所──株式会社交通新聞社
　　　　　〒101-0062　東京都千代田区神田駿河台2-3-11
　　　　　編集部　☎03-6702-0920
　　　　　販売部　☎03-6831-6622
　　　　　ホームページ　https://www.kotsu.co.jp/

印刷製本──大日本印刷株式会社
カバー・表紙・本文デザイン──株式会社アイト